智能城市规划

U0220822

智能规划

INTELLIGENT PLANNING

吴志强　主编

上海科学技术出版社

图书在版编目（ＣＩＰ）数据

智能规划 / 吴志强主编. -- 上海 ：上海科学技术
出版社，2020.9（2023.2重印）
（智能城市规划）
ISBN 978-7-5478-4843-2

Ⅰ．①智… Ⅱ．①吴… Ⅲ．①互联网络－应用－城市
规划－中国－文集 Ⅳ．①TU984.2-53

中国版本图书馆CIP数据核字(2020)第045572号

智能规划

吴志强　主编

上海世纪出版（集团）有限公司
上 海 科 学 技 术 出 版 社 　出版、发行

（上海市闵行区号景路 159 弄 A 座 9F － 10F）
邮政编码 201101　www.sstp.cn
上海当纳利印刷有限公司印刷
开本 889×1194　1/16　印张 11.5
字数：260 千字
2020 年 9 月第 1 版　2023 年 2 月第 2 次印刷
ISBN 978－7－5478－4843－2/TU · 292
定价：98.00 元

———————————————————————————

本书如有缺页、错装或坏损等严重质量问题，
请向承印厂联系调换

内容提要
Synopsis

　　本书是"智能城市规划"丛书的第二本,汇集了长三角城市群智能规划协同创新中心诸多院士和专家学者近年来在智能规划研究领域的 15 篇重要文献,探讨了智能技术辅助城市规划理论范式的变革导向,探索了基于大数据的空间结构和时空行为活动研究方法及其在规划中的应用实践,提出了数字化设计的理论平台和进一步研究的分析框架。

　　全书由"范式转型""大数据与空间结构""大数据与时空活动""数字化设计"四个篇章构成,可作为智能规划理论研究和实践探索的重要参考资料,供从事智能规划研究与实践的相关专业人员和在校学生借鉴与参考。

Editorial board
本书编辑委员会

P 序
reface

我国《新一代人工智能发展规划》指出，到 2020 年，我国人工智能总体技术和应用与世界先进水平同步；到 2025 年，人工智能基础理论实现重大突破；到 2030 年，人工智能理论、技术与应用总体达到世界领跑水平的"三步走"目标。与其他国家人工智能发展规划的最大区别在于，将人工智能本身理论的突破与我国城镇化的历史进程进行结合，"以人工智能的发展推动我国城市规划、设计、建设全过程的智能化"，形成以智能化提升我国"智力城镇化"的高品质发展，以城镇化场景运用牵引新一代人工智能理论研究突破的方向。我国在人工智能科学理论和技术上的崛起与我国城乡建设的智能化双向驱动之间的结合，是实现中华民族伟大复兴的必经之路和特色所在。

未来城镇化是"智力城镇化"。"智力城镇化"体现在"城市智化""规划设计智化""建设组织智化"。人工智能将使城市在环境中具有自我学习、自我感知、自我迭代的能力，人类从未创造过具有自我进化能力的设备和环境；规划的智化，成为生产、生活、生态环境中具有革命性、颠覆性、自发性及应对根本任务的新型设计定义；建设、组织的智化，将全球最专业的人才纳入网络。

8 000 年的城市历史是从城市的物质世界开始的，在这个物质世界上支撑的是人类社会世界的不断发展，物质世界与社会世界的交互成就了城市的发育、不断迭代和进步。今天，我们的城市开始有了自己的第三元世界：城市的赛博世界（Cyber）。

正是因为城市的赛博世界的诞生，才有了"城市智化"的可能。"城市智化"不是一蹴而就的，而是一天一天不断进步的。2010 年上海世博会时就大规模使用了全场景数据感知和动态采集，后被称为"大数据方法"；在整个园区场馆规划设计中，研发并运用了大量的多场景推演，后被称为"虚拟现实"。2012 年，中国工程院以此为基础，以智能城市立项进行研究，"中国新型城镇化的智能建设战略研究"项目在 2014 年之前主要聚焦大数据研究，之后进入人工智能研究阶段。从 2014 年至今，我们的团队一直在人工智能技术应用于城市规划和研究方面投入大量时间和精力。

"智能城市规划"丛书——《智能城市》《智能规划》《智能建设》，正是未来三大智化趋势的知识和理论的积累，汇聚了国内外几十位院士和顶级专家的智慧和思想，反映了当今世界关于智能城市最前沿的研究和实践成果，指出了未来新一代智能城市的发展方向。

　　本丛书可以为城乡规划决策、城乡建设管理、城乡运营治理等方面的领导、学者，尤其是从事城市和社区智能化建设的企、事业领导提供参考思路和事业发展顶层设计的思想理论依据，同时也可以作为城市规划、建筑学、环境设计、道路交通、市政建设、土木工程、软件信息、公共管理、金融投资、风险管理等专业的教师和学生专业研读的前沿参考文献。

吴志强

2020 年 8 月

目 录
Contents

第一章　范式转型
CHAPTER 1 PARADIGM SHIFT

人工智能辅助城市规划 *

Artificial Intelligence Assisted Urban Planning

吴志强

摘 要 城市规划中的人工智能应用是城市规划学科的时代标志性变革。文章阐述了人工智能与城市规划两个学科在发展中的关系、互为推动力的切入点、未来发展的价值取向方向等认知要点，预测了下一代人工智能的技术突破将为城市研究和城市规划带来的巨大变革。作者以其工作小组在智能数据捕捉、城市功能智能配置、城市形态智能设计等方面的实际应用案例，对人工智能辅助城市规划的前沿动态做出了诠释。

关键词 下一代人工智能 (2.0)；城市规律；群机学习；人机共智；大数据；大智移云；捕捉；智能配置

2017 年 7 月，国务院印发了《新一代人工智能发展规划》，提出"三步走"战略目标：第一步，到 2020 年人工智能总体技术和应用与世界先进水平同步，人工智能产业成为新的重要经济增长点，人工智能技术应用成为改善民生的新途径，有力支撑中国进入创新型国家行列和实现全面建成小康社会的奋斗目标；第二步，到 2025 年人工智能基础理论实现重大突破，部分技术与应用达到世界领先水平，人工智能成为带动中国产业升级和经济转型的主要动力，智能社会建设取得积极进展；第三步，到 2030 年人工智能理论、技术与应用总体达到世界领先水平，成为世界主要人工智能创新中心。在城市建设领域，《新一代人工智能发展规划》特别指出，以人工智能"推进城市规划、建设、管理、运营全生命周期智能化"等各方面。2017 年 11 月，科技部在北京召开"新一代人工智能发展规划暨重大科技项目"启动会，笔者作为核心专家组成员参会，汇报三年来参与新一代人工智能项目筹划准备中有关城市规划的若干问题。本文要点基于此整理。

1 人工智能辅助城市规划的切入点

人工智能与中国的城市规划学科目前都处于初级阶段，两者发展过程中的互动关系前景，以下述三点尤为重要。

（1）城市规划学科的成熟，基于城市规划的思想理论、技术方法和学科发展史这三块基石。大数据时代的到来使城市研究及城市规划受到前所未有的影响和冲击①。这些冲击一方面挑战了传统的城市研究和规划方法，另一方面"大智移云"②的技术巨大地推动了人工智

* 国家社会科学基金重大课题（国际创新城市构建与城市圈发展战略规划研究，12&ZD202）。原载于《时代建筑》2018 年第 1 期。

① 参见：吴志强，叶锺楠．基于百度地图热力图的城市空间结构研究——以上海中心城区为例 [J]．城市规划，2016，40（4）：33-40。
② "大智移云"为大数据、人工智能、移动网络、云计算技术的简称。参见笔者部分演讲：同济规划．吴志强：规划新时代与生态理性内核 [EB/OL]．2017．http://mp.weixin.qq.com/s/oksik8yedmaYgsto-zWQSQ；中国城市规划．重磅！2017 中国城市规划年会大会报告观点集锦 [EB/OL]．2017．https://mp.weixin.qq.com/s/oksik8yedmaYgsto-zWQSQ。

能辅助的城市规划方法技术的发展和进步。

（2）我们必须认识到，人工智能技术本身尚处于兴起阶段，是快速拓展、尚不稳定的技术。科学技术界、人工智能界对以单机的机器学习（machine learning）和深度学习（deep learning）为标志的第一代技术的超越正在紧锣密鼓地推进中。下一代的人工智能技术，即人工智能2.0的主要技术突破将在可见的未来出现。

（3）2017年11月启动的中国"新一代人工智能发展规划暨重大科技项目"表明，未来5年里，人工智能辅助城市规划技术将依托新一代人工智能技术的诞生而得以大幅度提升，并为下一步城市规划技术改革带来极大的可能性，甚至带来整个城市规划思想方法的变革。

2 人工智能与城市规划的互动相长

（1）城市研究与城市规划实践为人工智能研发提供了巨大的应用平台和发展思路。2016年"人居三"大会联合国第三次住房和城市可持续发展大会（简称"'人居三'大会"）发布的《新城市议程》强调了城市规划科学性和协同上下的作用，重新定义了其在城市可持续发展中多方面的重要地位[3]。城市规划的思想方法和决策模式为人工智能发展提供机器学习的未来攻关方向，规划的运行模式成为下一代人工智能技术攻关的主攻方向之一。规划的运作是高度智慧的运作，人工智能可解析并借鉴规划的复杂系统，继而推动人工智能技术自身在规划、建设、管理运营方面的复杂智能提升。

（2）截至2018年，人工智能技术在城市规划方面的应用主要集中于对城市生长规律和城市空间规律的机器学习和深度学习。由于城市的复杂性，对于这一人类在地球上创造的最大的复杂生命体的研究和探索，至今因其复杂性阻碍了其规划学科的科学性发育。人工智能在世界范围内兴起，尤其在中国，城市规划和人工智能得到了全球规划学界少有的最佳结合。

中国的城市规划学科在人工智能技术上的运用，虽然从历史长远的角度看是初步的，但从全球范围来看，却是领跑者。人工智能主要运用于对城市数据的大规模挖掘，并大规模提升了中国城市规划界对世界城市增长规律和空间规律的认识。笔者及工作小组已经完成了10 000多个全球城市的建成区的卫星图像挖掘，已经展示了大量城市空间增长类型学的规律。

（3）城市规划未来将依托新一代的人工智能技术发展，发育出对城市感知、城市认识、城市分析、城市模拟、城市决策全新的技术可能。下面从三个方面指出未来人工智能技术发展对未来城市规划的发展可能。

第一，人工智能的下一代群体智能技术，可大规模应用于城市发展管理。因为城市规划师的工作模式从来就不是单机运作，规划成果几乎都是群体智慧。一项规划的编制，需要团队的智慧和协同运作，下一代群体智能很好地切合了这一特征，将对规划及时产生强有力的群体运作模式支持。

第二，人工智能的下一代多媒体智能技术，可将城市规划大规模使用的来自卫片、航片、统计数据、地面感知、专访和实地调研等渠道的信息和数据进行综合使用、协同认知和共同支撑决策。规划决策中的领导讲话也可以轻松通过多媒体人工智能将其语义分析纳入城市规划信息的分析系统，各方讲话将被快速分析、分解，并汇聚到城市大数据库内。

第三，人工智能的下一代人机共智技术，可以将城市规划的技术感知、理性学习的机器学习技术和机器人工智能与人的决策系统综合，达到决策意志和机器理性的优化结合。规划的决策过程从来都没有离开过决策者的个性，城市的发展也从来不是可以通过纯理性的推理的，现在人机共智的技术很好地切合了城市规划的模式，没有决策者意志的决策，几乎不是现实的城市规划，没有理性的科学的规律支撑城市

---

③参见：吴志强 ."人居三"对城市规划学科的未来发展指向 [J]. 城市规划学刊，2016（6）：7–12。

决策，从来都会违反城市的发展规律，造成城市病的泛滥。

（4）人工智能技术正在大规模推进，5年后的人工智能学科的技术进展正是未来城市规划特别需要的。当前要学习的，不仅是如何直接应用人工智能，还应学习如何可让人工智能更多地为城市规划服务，为城市科学健康的发展服务。坚持人工智能应用于城市规划领域的推进，是中国城市规划在世界规划界的前沿的跟跑、并跑和领跑的重要技术手段，也是未来持续创新领跑内涵式发展的内生性力量。

3　三种规划思路

（1）中世纪开始的乌托邦城市规划是理想导向的，是要把一个国家的理想体现到一个城市的规划中。这是第一种规划思路：以理想导向编制规划。

（2）20世纪50年代后，在科学社会主义影响下的近现代的城市规划是以当下城市问题为导向。这就是第二种规划思路：以问题导向编制规划。

（3）而今天的城市规划依托人工智能大规模感知城市、认知城市、认识城市规律，为城市规划提供了第三种规划思路：以城市规律导向编制城市规划。城市规划的编制思路趋于理性，尊重城市生命规律。而这种规律不是过去的简单逻辑可以模拟的，是一种复杂生态理性。

4　人工智能辅助城市研究实例

4.1　智能数据捕捉辅助城市规律发掘

笔者及工作小组的"城市树"城市研究项目，通过30 m×30 m精度网格，在40年时间跨度内对全世界所有城市的卫片进行智能动态识别，如影像识别（图1），建构了"城市树"概念，截至2017年10月，已高速完成了精确到9 km² 以上的9 516个全球城市的描绘（图2）。如通过宁波的城市树（图3），可直观观察城市增长的过程，辨识其增长点。

通过对已绘制的城市树的曲线边缘进行统计（图4），归纳出七大类城市发展的类型：萌芽型城市、佝偻型城市、成长型城市、膨胀

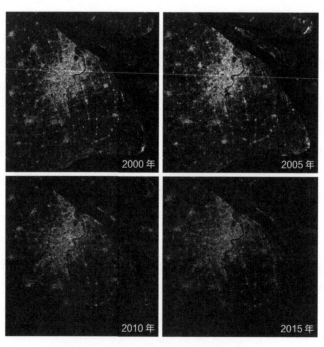

图1　上海市不同年份建成区影像识别提取结果
Fig.1　Image recognition of built areas of Shanghai in different years

型城市、成熟型城市、区域型城市、衰落型城市（图5）。如英国、德国和法国的城市，60%～80%的城镇呈现稳定的增长，属于增长型城市；发展中国家，包括中国的小城市的增长曲线接近衰落型；过去40年内始终保持在10 km² 以下几乎没有增长的城市属于佝偻型城市，大量集中在发展中国家；城市面积达到100 km² 以上的膨胀型城市，在全球范围内比较少见，但在新兴经济体国家出现。

除城市增长类型和城市增长趋势，在城市研究中运用人工智能的技术，可更快速、准确地观察城镇群汇聚的规律。以长三角城镇群汇聚的历程为例（图6），可看到自1975年到2015年的40年间，其汇聚呈现了一定均匀度，但各城市增长的中心具有有规律的6个定点，形成一个管理网络。从发展进程上可以看到，在改革开放初期，这些定点彼此相距40 km 左右，在城市高度发展之后，6个定点周围又发展出更小的6个定点，如苏南地区已成为一个新的定点，整个网络更为密集，但仍然保持着这一增长律动。具体到城市，可以看到，江苏省和安徽省，相对于苏南地区来说，城市没有得到很好的发育；安徽省的发展都集中在省会城市，可以看到合肥的大规模生长，这是安徽的行政动力造成的；武汉的发展问题在于其周边300 km 之内没有可比的大城市；长三角城镇群的总量在扩大，苏州、上海联动，中心逐步连进（图7）。

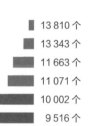

1 km² 以上的城市	13 810 个
2 km² 以上的城市	13 343 个
4 km² 以上的城市	11 663 个
5 km² 以上的城市	11 071 个
8 km² 以上的城市	10 002 个
9 km² 以上的城市	9 516 个

图2　已绘制的全球城市树地图
Fig.2　City trees on world map

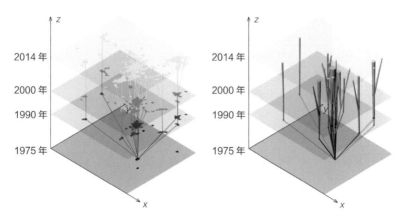

图3　宁波城市树
Fig.3　The "City Tree" of Ningbo city

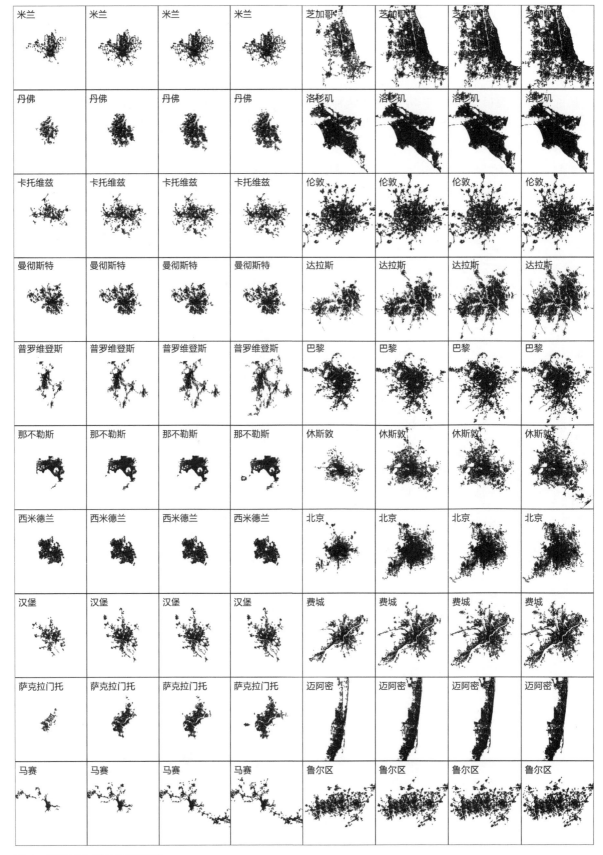

图4　世界城市增长边缘图例
Fig.4　The growth edge of world cities

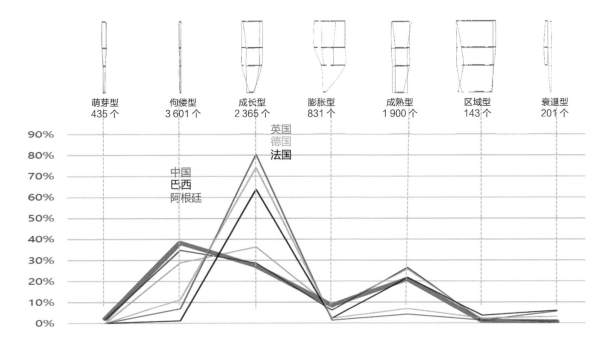

图5　七大城市发展类型及分布
Fig.5　7 types of urban development and their distribution in the world

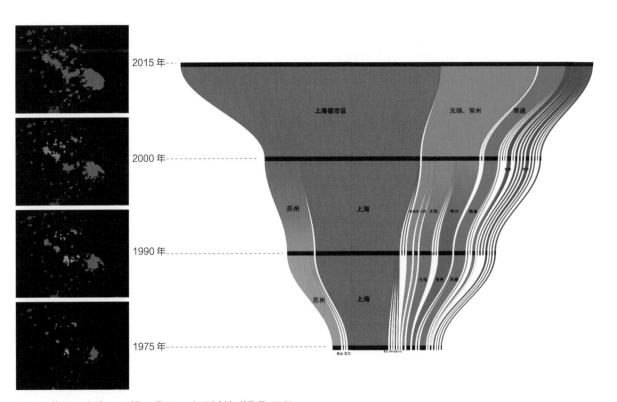

图6　苏州、上海、无锡、常州、南通城镇群集聚历程
Fig.6　The process of the forming of Suzhou, Shanghai, Wuxi, Changzhou and Nantong urban agglomeration

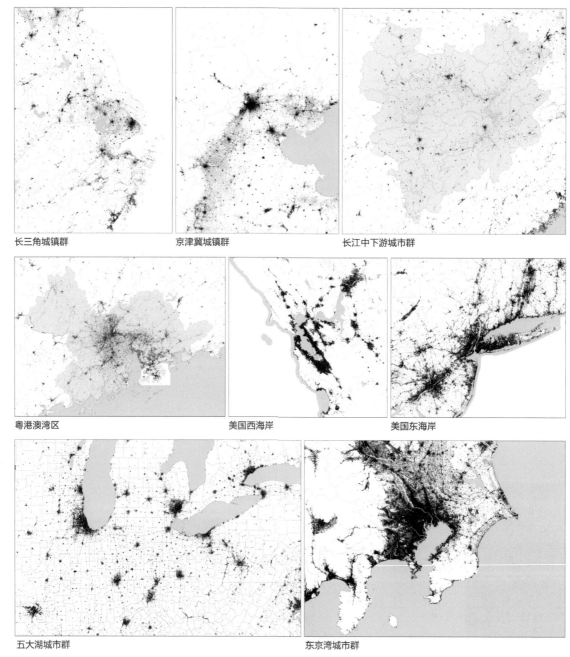

长三角城镇群   京津冀城镇群   长江中下游城市群

粤港澳湾区   美国西海岸   美国东海岸

五大湖城市群   东京湾城市群

图 7　各城镇群增长网络图例
Fig.7　The growth networks of urban agglomerations in China and the world

　　从世界范围看，美国的城市总体上新增长率较低，但湾区的建设量非常大；日本是发达国家中唯一城镇化率达到 95% 的国家，东京湾有极大的纵深发展。

4.2　城市功能的智能配置

　　运用人工智能的类型学技术，笔者及其团队构建了博弈模型（CityGo）④。首先将城市利益相关体分为政府、规划师、投资商、市民

④ CityGO 的原型由同济大学吴志强教授最先提出，根据潘云鹤院士的指示，由宁波智城院、浙江大学、同济大学、宁波市规划局、宁波云计算中心联合攻关，结合宁波现有智慧城市大数据的基础，在宁波首先投入试点实验并设计原型系统。

四方，提取反映四方需求和决策特点的信息。其模型假设：政府决策短期整体目标为导向；规划师注重长期整体配置目标导向；投资商决策短期个体市场目标为导向；市民决策长期个体目标为导向。四方按照各自的目标导向，对职业、居住、商业、医疗、教育、休闲这六元功能进行各自的决策。由此构成了四方六元的决策智能配置。配置过程中还需考虑从过去到未来的时间进程，以及上节所述的不同城市发展类型和阶段需求。复杂的计算和设计过程，都借助人工智能得以快速完成及时模拟。

4.3 城市形态智能设计

笔者及其团队研发了城市智能信息模型（CIM），进行城市形态的智能设计，为城市规划提供数据支撑。如在北京副中心的设计中，应用 CIM 支持系统，在覆盖的 155 km² 内，可快速读取出任一区域内的天气、人口成分、人流汇聚规模和速度、建筑高度、建成材料，在生态学和精确理性的支撑下，进行个体化的精准计算，从而高效完成设施的最佳配置量和配置地点等的布局（图 8、图 9）。

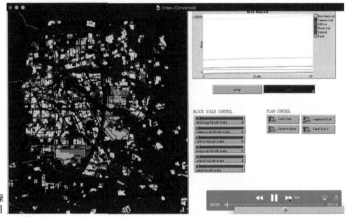

图 8　北京某城区智能配置图例
Fig.8　Intelligent allocation of urban functions in a district in Beijing

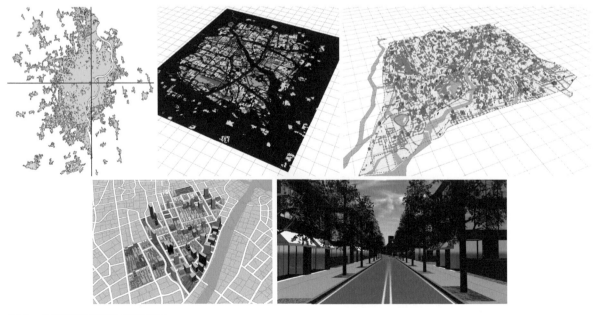

图 9　三维城市空间的智能展现
Fig.9　The intelligent 3D visualization of urban space

5 结语

只有当城市作为独立生命体、作为城市规划的职业对象而被尊重时，城市规划才能尊重城市复杂的生命规律，寻求其复杂生命的生态理性。而在这个过程中，随着人工智能的不断导入，人工智能自身的快速发展和提升，以及人工智能不断被导入城市规律学习和城市规划决策的过程中，城市规划会变得更加强大。

人工智能辅助城市研究和城市规划方法在中国各地存在巨大的发展差异，需要城市规划新技术学术委员会、各地的城市规划一线管理机构、城市规划局信息中心等实务机构，城市规划技术机构如规划院、规划设计团队，以及每位规划师从规划的实务中间发现规划自身的问题，并以问题为导向，不断地吸纳人工智能新技术的发展成果，才有可能让人工智能辅助城市规划健康发展。

作者简介：**吴志强** 中国工程院院士，同济大学副校长、教授。

参考文献

[1] 国务院. 新一代人工智能发展规划 [R]. 北京：人民出版社，2017.

[2] PAN Yunhe. Heading toward Artificial Intelligence 2.0[J]. Engineering, 2016(2): 409-413.

[3] 吴志强，陈锦清，杨婷，等. 中国第一部现代城市规划著作——郑肇经先生《城市计画学》[J]. 城市规划学刊，2016（3）：93-97.

[4] 同济规划. 吴志强：规划新时代与生态理性内核 [EB/OL]. 2017. http://mp.weixin.qq.com/s/oksik8yedmaYgsto-zWQSQ.

[5] 中国城市规划. 重磅！2017中国城市规划年会大会报告观点集锦 [EB/OL]. 2017. https://mp.weixin.qq.com/s/oksik8yedmaYgsto-Zwqsq.

[6] 吴志强，李欣. 城市规划设计的永续理性 [J]. 南方建筑，2016（5）：4-9.

[7] 吴志强，叶锺楠. 基于百度地图热力图的城市空间结构研究——以上海中心城区为例 [J]. 城市规划，2016，40（4）：33-40.

[8] 吴志强. "人居三"对城市规划学科的未来发展指向 [J]. 城市规划学刊，2016（6）：7-12.

[9] 李力，林懿伦，曹东璞，等. 平行学习—机器学习的一个新型理论框架 [J]. 自动化学报，2017，43（1）：1-8.

[10] 何哲. 通向人工智能时代——兼论美国人工智能战略方向及对中国人工智能战略的借鉴 [J]. 电子政务，2016（12）：2-10.

[11] 赵冬斌，邵坤，朱园恒，等. 深度强化学习综述——兼论计算机围棋的发展 [J]. 控制理论与应用，2016，33（6）：701-717.

[12] 贾根良. 第三次工业革命与工业智能化 [J]. 中国社会科学，2016（6）：87-106+206.

转型时期的城市智能规划技术实践
Urban Intelligent Planning Technology Practice in Transitional Period

吴志强　甘惟

摘　要　中国城市规划思想方法的变革仍在进行。我国经济发展步入"新常态"后，供给侧结构性改革成为适应和引领我国经济发展的重要举措。提高城市规划水平、优化城市产品供给是这一时期的重要工作。2016 年以来，大数据、人工智能、云计算、移动互联网等技术大量涌现，城市规划智能化有了新契机。本文是对城市规划理性转型问题的思考，并结合在实际规划工作中构建城市智能模型（CIM），借力人工智能辅助城市规划精准布局的案例，阐述关注城市规划"流"与"形"的交互迭代的未来新思想。

关键词　转型；永续理性；供给侧；城市智能规划；CIM

1　城市规划思想方法转型的时代背景

1986 年，针对城市规划工作面临的资本和市场力量的挑战，我们提出过"城市规划思想方法的变革总是依托城市活动发展进行的"观点，也提出城市规划的思想方法必将从单一走向复合，从静态走向动态，从刚性走向弹性，从指令性走向引导性[1]。21 世纪伊始，我们提出中国的城市规划制度正在完成与世界的接轨，这体现在苏联式的社会主义指令式计划经济制度下的我国城市规划制度逐步与世界发达的市场经济下的城市规划体制接轨[2, 3]。

21 世纪的经济全球化对城市规划思想方法产生了深远的影响，人们不再只关注城市自身的增长，而开始关注区域现象[4]。长三角、珠三角的区域格局在这一时期已发生重大变化，城市规划的思想方法也从过去仅仅将单一城市作为工作对象，向更广泛区域的城市群落转型[5-7]。从城市发展历史过程来说，剖析来自城市内部发展的内生性因素如何与作为外生性因素的重大事件结合互动，关系到许多城市的兴亡成败[8, 9]。

30 年来，中国城市规划并没有彻底完成转型，变革仍在进行。我国经济发展步入"新常态"后，依靠投资、消费与出口"三驾马车"拉动的经济增长思路已现疲态，出现结构性问题[10]。2015 年年底，中央财经领导小组第十一次会议提出"在适度扩大总需求的同时，着力加强供给侧结构性改革"，这是适应和引领我国经济发展的重要举措。2018 年是中国经济实施供给侧结构性改革的一个关键时期[11]。对城市规划工作来说，加强供给、提升竞争力是思想方法变革的一项重点内容。

2　城市规划供给侧转型的三大趋势

2.1　城市规划从需求侧转向供给侧的思想变革

在我国的城市建设过程中，因过度依赖资本投入、消费刺激来促进城市发展而产生的"中低品质城市过多、高品质城市不足"的典型

原载于《城市建筑》2018 年第 3 期。

问题仍然普遍存在[12]，主要表现为：粗放式的开发建设，超出地区发展承载能力的大规模城市新区，持续高涨的房地产市场，环境污染、交通堵塞等大城市病难以解决。在城市建设资本大规模投入的情况下，市场力量影响了城市规划自身的质量，城市规划自身仍然存在诸多科学问题尚未解决，甚至留下大量隐患。2014年年底，城市规划行业进入历史性的低迷状态。城市快速建设的同时伴随着大量城市规划自身问题的暴露，城乡规划学科开始进行理性反思[13]。

城市规划从需求侧转向供给侧的改革，意味着在城乡规划的方法论上，应当充分尊重城市发展规律，识别并遵循城市发展的内在动力，看清空间发展的趋势。在城乡规划技术上，应当借助人工智能、大数据、生态低碳等新技术，突破传统城乡规划方法的局限性，着力于技术创新和技术应用，让"老三样"（土地、住房和交通）让位给"新三样"（生态效益、社会效益和经济效益）。

2.2 城市规划转型需要永续理性思维的支撑

20 世纪 60 年代以来，过度局限于物质空间的简单主义带来了诸多环境和社会问题，西方城乡规划界开始对规划理性化的问题进行反思。造成当前中国城市规划所面临的困境的多方面原因中，规划过程中理性的精神和理性的思维方式的缺失是一部分重要原因[14]。

这种"缺失"有两方面体现：其一，过去的规划方案编制多以形态设计和终极状态为基础的规划观念，局限于依据规划师的灵感或经验来描述未来的愿景，由创造性带来的价值超过了由理性分析带来的科学结论的价值。其二，以单一逐利目标为典型思维的简单理性无法解释并遵循城市这一开放、复杂的巨系统的内在规律，使城市规划自身的理性遭到严重质疑。缺乏理性或是简单理性的城市规划在当前制度下仍是主流，并由于城市建设的不可检验和不可复原的特征，产生了诸多无法预计的社会、环境问题。

2015 年，我们提出永续理性的思维方法，其本质是系统关联的、生物的、生态的、复杂演进的思想方法体系，并归纳出"尊重自然规律、尊重整体秩序、尊重代际演化"的理性特质。城市规划的永续理性方法包括体制和机制的理性化、工具的理性化和价值取向的理性化三个方面。在城镇化发展要素发生巨大转变的背景下，如果不进行彻底的思想方法转变，进而带动规划体制、规划工具和价值取向的改变，必将影响国家的整体发展[15]。

2.3 "大智云移"技术发展推动城市规划工具理性转型

20 世纪末期是计算机辅助规划技术快速发展的重要时期，将规划师从手绘图纸的繁重工作中解放出来的计算机辅助设计（CAD），数据处理功能强大、成本低廉且易于操作的地理信息系统（GIS）[16]，以及在上述两种技术的基础上，于 1997 年提出的以包含计算机算法、理论科学与建模能力的规划支持系统（PSS）[17]为代表的城市规划辅助技术伴随着规划工具理性的日益成熟，其自身的理论、方法、应用框架也在不断完善。在规划成果的表达上，用于规划的传统制图与模型制作等方法正在逐步被电子沙盘、虚拟城市模型取代。多媒体、虚拟现实的发展也对城市规划的普及与展现产生了巨大影响[18]。

21 世纪以来，随着网络通信技术的发展，以"大数据、人工智能、云计算、移动互联网"技术为代表的新一代智能技术出现，进而为城市规划的工具理性提供了历史性的技术支持。与传统的规划技术手段相比，大数据具有数量大、类型多、即时性等特征，因而可以弥补传统规划数据无法清晰看到城市内部流动、无法看到要素关系而留下的一系列技术理性的遗憾。在大数据的基础上，人工智能、海量数据挖掘及存储、高精度城市三维仿真建模、云平台、物联网等技术的迅速发展，进一步促进了城乡发展动态的大数据汇集感知、城乡发展状态的云计算分析诊断、城乡发展规律的人工智能学习、移动互联的公共参与规划和建设决策[15]，城市规划自身的工具理性的转型迎来了历史性机遇。

3 城市智能规划的转型实践

3.1 构建城市智能信息模型

我们为青岛中德未来城构建了城市智能信息模型（图 1），并在该平台的基础上应用大量智能分析工具来优化设计方案。"城市智能信息模型（CIM）"在城市信息模型的基础上进一步提出了智能的目标，其内涵不仅是指城市模型中海量数据的收集、储存和处理，更强调基于多维模型解决发展过程中的问题，是城市规划由传统方法向智能方法转型的一个重要体现。

在实际应用中，CIM 不仅是信息管理的平台，更是从信息积累处理转变为数据响应分析的平台；不仅是简单停留在数据技术应用上，更是以智能的方式实现信息与人的互动，体现出人为的主观选择和城市智能体的整体协调[19]。我们通过 CIM 平台完成了对城市水文地理、气候环境、建设项目、市政工程等城市数据的时空集成；基于计算机算法完成多项关键问题的智能实时响应，提供城市规划设计的优化策略；及时发现并处理设计方案中存在

的诸多问题；通过大数据的模拟、迭代，得出更优质的解决方案，进而有效地提升城市规划设计的精准化。

3.2 城市用地布局的人工智能推演

城市用地布局是城市空间规划的关键问题，也是城市规划作为公共政策手段的核心价值。由于深刻地认识到土地资源的有限性与人口增长、经济发展、多元社会主体需求的复杂性矛盾，寻找科学预测城市用地规模增长、合理配置城市用地功能的方法对解决人地矛盾具有重要意义[20]。然而目前国内外对城市土地利用的研究多以基于数理统计学的城市土地规模预测和结合 GIS 技术的城市土地结构布局模拟为主，忽略了城市内部生长动力的本质规律，存在较大局限性。

为解决"城市未来看不清，土地功能不协调，资源利用不充分"的问题，我们在青岛中德未来城的 CIM 平台中导入包括现状地形、道路、水系、基础设施及已经批复的建设项目等大量的约束条件，并在此基础上构建了多元计算机博弈模型，来推演城市发展动力（图 2）。

在我们的模型中，"政府、规划师、投资商、市民"作为推动城市发展的四股力量，具有不同的诉求：政府作为城市管理的重要职能部门，更多关注城市总体发展效果，并对城市

文件管理

模型图层管理

相关指标显示

相关属性显示

模型编辑窗口

图 1　青岛中德未来城 CIM 处理界面
Fig.1　Model processing interface of CIM for Qingdao Sino-German Eco-Park

关键地区进行开发控制和引导；规划师，关注主要城市功能之间的空间分布和容量关系，站在公共利益的视角进行资源配置；投资商，关注具体项目投入－产出平衡，以近期的个体利益为导向；市民，关注生活需求的满足，考虑所居住地区的长期价值（图3）。

在四类主体的博弈作用下，全自动完成城市用地推演过程。在计算过程中，用地选址自动回避不适宜建设的区域，并且在各方诉求的驱动下逐步推演出城市的6种主要功能（职业、居住、医疗、教育、休闲、商业）的布局结果

（图4）。计算机博弈产生的结果，很好地反映出城市发展过程中不同角色的相互关系，例如，政府税收、政府引导公共土地开发、投资商与政府完成土地交易、针对市民进行拆迁补偿、政府参考公众意见等，具有极高的逻辑性和可行性。由计算机迭代出若干结果后，我们在其中一个布局结果的基础上（图5），进一步完成城市规划布局方案（图6），这是人工智能的计算机博弈算法应用于城市规划领域的一项重要突破。

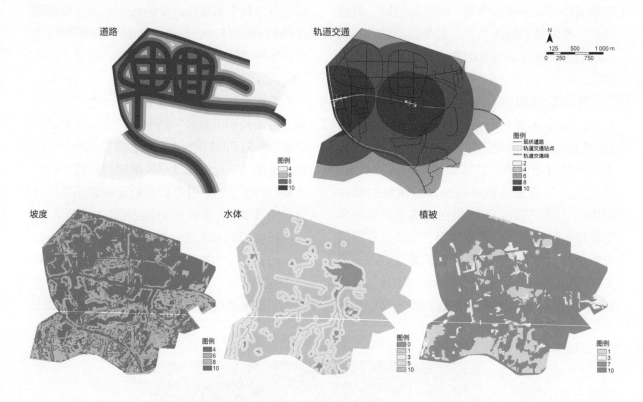

图2 青岛中德未来城用地布局推演的前置条件
Fig.2 Precondition of the programme for Qingdao Sino-German Eco-Park

图3 城市规划决策主体的价值观设定
Fig.3 Values of stakeholders of landuse development

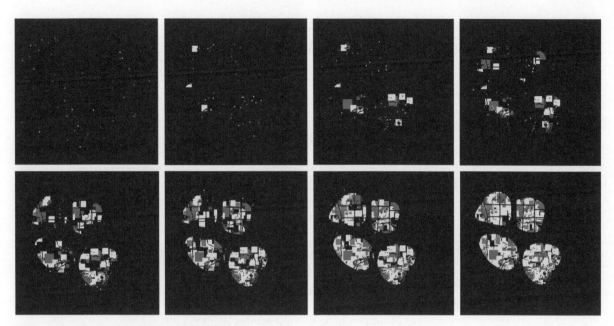

图 4　青岛中德未来城用地布局推演过程
Fig.4　Process of landuse prediction for Qingdao Sino-German Eco-Park

图 5　青岛中德未来城用地布局推演结果
Fig.5　Result of landuse prediction for Qingdao Sino-German Eco-Park

图 6　最终规划设计用地布局
Fig.6　Final planning output

4　结语

当下，我国的城市规划正面临重要的转折时期：一是，城市规划自身正在从过去依靠管理部门的行政决策及城市规划师的职业经验转向依靠理性的工具来辅助决策；二是，城市规划思想方法发生了根本转变，从过去关注空间形态到未来关注城市当中的"流"，建立"流"与"形"的交互迭代关系，推动城市的永续发展。

对于城市规划工作自身来说，在城市智能信息平台的基础上，借助数据和模型驱动，深入挖掘城市规律，以工具理性创新引领转型时期城市规划设计的新思路，进而提供更高质量的规划产品，创造出更多的生态、社会和经济效益。

作者简介：吴志强　中国工程院院士，同济大学副校长、教授；
　　　　　　甘　惟　上海同济城市规划设计研究院长三角城市群智能规划协同创新中心科研助理，主创规划师。

参考文献

[1] 吴志强 . 城市规划思想方法的变革 [J]. 城市规划学刊，1986（5）: 1-7.

[2] 吴志强，陈秉钊，唐子来 . 21 世纪的城市建筑：走向三大和谐 [J]. 城市规划，1999（10）: 20-22, 64.

[3] 吴志强 . 论中国城市规划制度与世界接轨 [J]. 规划师，2001（1）: 5-9.

[4] 李红卫，吴志强，易晓峰，等 . Global-Region: 全球化背景下的城市区域现象 [J]. 城市规划，2006（8）: 31-37.

[5] 吴志强，王伟，李红卫，等 . 长三角整合及其未来发展趋势——20 年长三角地区边界、重心与结构的变化 [J]. 城市规划学刊，2008（2）: 1-10.

[6] 于涛方，李娜，吴志强 . 2000 年以来珠三角巨型城市地区区域格局及变化 [J]. 城市规划学刊，2009（1）: 23-32.

[7] 邓小兵，吴志强 . "城中村"土地经济问题思考 [J]. 城乡建设，2004（12）: 10-11.

[8] 吴志强 . 重大事件：机遇和创新 [J]. 城市规划，2008（12）: 9-11, 48.

[9] 吴志强，李欣 . 历届世博会到达交通组织的比较研究 [J]. 城市规划学刊，2006（4）: 61-67.

[10] 吴敬琏 . 供给侧改革：经济转型重塑中国布局 [M]. 北京：中国文史出版社，2016.

[11] 刘元春，闫衍，刘晓光 . 供给侧结构性改革下的中国宏观经济 [M]. 北京：中国社会科学出版社，2016.

[12] 邱衍庆，罗勇，姚月论 . 论城市供给侧结构性改革与规划改革的"加减乘除"法 [J]. 城市发展研究，2017，24（5）: 42-49.

[13] 汪光焘 . 关于供给侧结构性改革与新型城镇化 [J]. 城市规划学刊，2017（1）: 10-18.

[14] 孙施文 . 中国城市规划的理性思维的困境 [J]. 城市规划学刊，2007（2）: 1-8.

[15] 吴志强，李欣 . 城市规划设计的永续理性 [J]. 南方建筑，2016（5）: 4-9.

[16] 毛志红 . 地理信息系统（GIS）发展趋势综述 [J]. 城市勘测，2002（1）: 25-28.

[17] KLOSTERMAN R E. Planning support system: a new perspective on computer-aided planning[J]. Journal of Planning Education and Research, 1997(1): 45-54.

[18] 李苗裔，王鹏 . 数据驱动的城市规划新技术：从 GIS 到大数据 [J]. 国际城市规划，2014，29（6）: 58-65.

[19] 薛慧，吴志强，任晓崧 . CIM: 对 BIM 发展战略的思考 [J]. 新鲁班，2015，2（29）: 89-90.

[20] 孟成 . 城市用地规模和布局模拟预测模型研究 [D]. 武汉：武汉大学，2014.

通过大数据促进城市交通规划理论的变革

Promoting Urban Transportation Planning Theory Innovation Using Big Data

杨东援

摘　要　城市交通规划实践需求所产生的拉动力，大数据分析技术所产生的推动力，相关基础学科研究成果所产生的促进力，将推动城市交通规划理论发生变革。在继承传统技术方法的基础上，通过建立在证据理论基础上的决策判断概念框架，将大数据分析技术、模型分析技术和仿真分析技术纳入一个统一的分析模板，通过多维观察角度尽可能全面地表征问题，并将在"适时响应"机制基础上建立规划过程管控模式，这一系列的探索勾画出一个可供讨论的新理论框架的雏形。

关键词　交通规划；大数据；技术创新；理论变革

世界城市交通理论领域数十年来的进步渐进性多于突破性；而对于中国城市交通领域而言，近年的进步更多体现在技术应用层面，而非学说变革的贡献。在此背景下，大数据分析技术所激发的研究热情，如果与从规划实践中提炼的认识，以及以复杂性理论为代表的基础学科研究成果相结合，完全有可能引发城市交通规划理论的变革。同时，尽管中国在交通领域大数据研究方面基本与世界同步起跑，且面对着全球影响最为巨大的城镇化和机动化进程，如果不能深刻认识其中孕育的学说变革萌芽，仍然会在理论创新过程中错失先机。

1　变革意识：交通规划理论的活力所在

1.1　变革背景

交通规划理论的活力在于适应发展的需求，交通规划理论变革的动力也来自于世界发展潮流和中国城镇化发展进入新阶段的拉动。正如文献 [1] 所指出的，当前城市交通问题已不再仅仅是机动化背景下的交通拥堵，而是承载了多重社会问题，涉及社会各阶层出行和交通资源的利益分配。城市交通规划应从传统注重设施的物质性规划向以满足大众的出行需求为主转变。文献 [2] 也指出城市交通的根本目标是服务人的需求。要关注出行需求多样化、出行结构持续调整和互联网条件下出行需求特征的变化，重视城市群交通需求的增长。新时期城市交通规划面临着由以往大规模的增量规划向精细化的存量规划转变、由单个城市交通规划向城市群及更大范围交通整合规划转变等技术挑战 [3]。文献 [4] 解析了城市群发展阶段与交通供给及需求特征的关系，提出需要在供需分析、管理体制等方面建立一套专门适用于城市群交通的规划方法。文献 [5] 剖析了当前城市群综合交通系统现状及存在问题，从规划原则、技术路线、规划目标与需求预测四个方面提出城市群综合交通系统规划方法。文献 [6] 梳理了国际上 35 个大都市区最新一轮综合交通规划报告，指出重视交通安全、环境保护，建立完善的交通拥堵管理系统以改善城市机动性，是当前大都市区综合交通规划的基本对策动向。

原载于《城市交通》2016 年第 14 卷第 3 期。

欧盟于 2014 年发布的《可持续城市机动性 规 划（sustainable urban mobility plan, SUMP）导则》[7]，从规划视角、目标导向、规划流程与方法等方面对比了可持续城市机动性规划与传统交通规划的差别（表 1）。美国联邦公路局交通规划能力建设（transportation planning capacity building）项目针对气候变化、公众健康、未来不确定性等传统交通规划面临的挑战，发布了包括减排规划、情景规划、绩效导向规划等在内的一系列规划编制导则，旨在更新、完善传统交通规划技术方法[8-10]。

在此背景下，建立在网络交通流分析和交通行为模型基础上的传统规划理论，已经显露出难以适应的状态，只有变革和进取才能跟上时代的步伐。为了适应发展，交通规划理论需要在下述方面争取新的突破。

1.2 拓展分析视角

城市交通规划需要充分考虑与城市空间体系、社会空间结构、城市网络体系之间的关联，从发展模式引导角度处理好系统内部多种交通方式网络布局之间的关系，从对策模式角度将政策调控软对策与设施建设硬对策有机融合，从适应服务需求角度研究设施与运输组织的协同。相对于传统交通规划理论，站在全局立场全面把握问题是下一阶段规划中有待重点突破的瓶颈。

为此，需要建立一种多维一体的分析技术体系。所谓多维，是基于不同理论范式，从城市空间体系维度、交通方式空间结构维度、对策行动计划维度和交通运行组织维度等展开多视角分析；所谓一体，是指根据可持续发展导向和规划原则框架，通过权衡和优化实现多维诉求的综合。

1.3 正确处理不确定性

在传统交通规划分析的思维方法中，分析人员和决策者都已经习惯于寻找确定性之后再做决策（典型的表现是试图准确预测未来），不敢面对城市的复杂性和未来的不确定性，制约了城市交通规划理论的前瞻能力。特别是社会发展的转型阶段，由于难以沿用过去的经验，建立在趋势外延思维模式上的传统理论更加显得与发展需求格格不入。

表 1 欧盟可持续城市机动性规划与传统交通规划对比 [7]
Table 1 Comparison on European sustainable urban mobility plan and traditional transportation plan

项目	传统交通规划	可持续城市机动性规划
规划视角	交通	人的出行
规划目标	交通流通行能力与移动速度	可达性与生活品质，同时注重可持续性、经济活力、社会公平、公众健康和环境质量
规划思想	分方式的独立系统	不同交通方式协同发展，并向更清洁、更可持续的交通方式演变
规划成果	基础设施建设导向	一系列整合行动计划，形成成本 – 效益高的解决方案
	行业内部的规划报告	与相关行业（如土地利用和空间规划、公共服务体系规划、公众健康规划等）整合、互补的规划报告
	中短期实施规划	与长远目标、战略相协同的中短期实施规划
规划编制	交通工程师	多学科背景构成的规划团队
	精英规划	与相关利益团体一同实施透明、参与式规划
规划效果评估与调整	有限的效果评估	定期的规划效果评估与监督，适时启动规划完善程序

在此背景下，需要将趋势识别、态势分析、中短期预测、对策效果评估等技术方法组合在一起，纳入一个完整的适时响应调控模式的工作框架。

适时响应调控模式的特征为：针对明确的远期目标，不断对城市交通进行监测把脉，适时通过"组合拳"进行战略调控。其中的适时是根据当前状态和已经具有明显征兆的趋势，及时启动相关对策；而响应则是采用组合对策，包括交通基础设施建设对策、对系统演化的调控对策、争取行动时间的压力缓解对策、争取社会认同的利益补偿对策等；调控则体现了限制、引导和（广义）补偿机制的结合原则，以争取社会的理解和支持。

1.4 增强对促进共识的关注

城市交通规划的本质是公共政策安排。改革开放以来，中国原来相对稳定、单一的社会经济结构和社会心理经过一系列的分化、组合和震荡之后，呈现出差异性、多样性、失衡性和复杂性特点。围绕构建和谐社会的目标，为避免执政目标、公共资源分配出现偏差，公众参与和促进共识不再是一个操作层面的问题，而被提升到战略层面加以考虑。

面对时代发展和社会变化，仅仅由城市管理者和技术人员制定规划的方式正在成为过去式，有必要研究公众参与条件下制定交通规划的方法。凝聚社会共识方面最重要的基础在于沟通，表现为利用各种信息媒介进行信息传递和反馈，以相互协调关系。

传统交通规划理论主要关注的是，从交通立场出发，如何制定一个好的对策方案。但是实践却告诫我们，如果不能达成共识，再好的方案在执行过程中也会走形，或者被束之高阁。因此政府管理部门内部同样存在增强共识问题，在城市规划与交通规划之间、交通规划与交通运行管理之间建立战略对话平台，同时研究各种规划相互协同的机制与方法。

1.5 实现对演化过程的管控

城市交通规划并非勾画一张蓝图，还必须

研究对规划实施过程的管理，由此产生了对问题细化分解、系统演化过程的监控、干预对策效果评估等方面的技术需求。

2 变革条件：将数据资源转变为决策能力

尽管大数据理念已经受到广泛重视，并在一些重要的行业领域取得进展，但是如果不能在城市交通领域内将数据资源转变为决策能力，促进城市交通规划理论变革将停留在理想阶段。严格意义上，并非大数据自身成为促进进步的推手，而是将大数据应用于城市交通规划决策分析的研究，成为理论变革的催化剂。

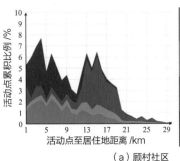

（a）顾村社区

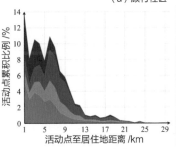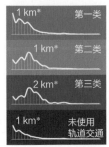

（b）大华社区

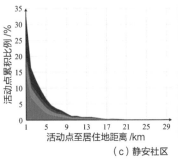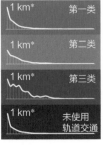

（c）静安社区

图 1 上海市三个社区基于轨道交通使用情况划分的不同人群工作日活动点与居住地距离分布

Fig.1 Distance distributions between activity points and home by rail transit travel frequency of three communities in Shanghai

注：* 活动点至居住地平均距离；第一、二、三类分别为使用轨道交通频率低、中、高人群。

2.1 大数据正在建立新的观察能力

大数据为研究者提供了针对城市交通的一种多角度、多层次、多测度的大样本连续观察能力。这种观察能力对于准确把握问题、深入剖析研究对象，以及实现对复杂适应系统的监测、分析和调控具有重要意义。

大样本形成了对研究对象基于行为属性细分组群，研究其相应的空间分布能力。图 1 显示了位于轨道交通 7 号线车站 1 km 范围内，但是属于城市不同圈层的三个社区（顾村社区：外环线附近；大华社区：内中环线之间；静安社区：内环线以内），利用 1 个月移动通信数据将居民按轨道交通使用情况划分组群后，分析其活动点（停留 30 min 以上）到居住地的分布情况，其中包含了大量研究居民活动空间与城市建成环境之间关系的重要信息。

连续观测一方面可以有效地研究个体的惯常行为，例如在传统交通调查中难以获得，但对研究居民活动空间与城市建成环境非常重要的个体经常活动区域；另一方面可以通过追踪行为分析，补充数据中缺失的重要信息（例如对通勤人群的判断等）。

而多源数据则提供了不同角度、层次的观察手段，例如表 2 中显示的可以在城市空间结构与交通网络关联中提供相关信息的数据资源。

2.2 将大数据与复杂性理论结合

从科学研究角度来看，大数据最重要的价值在于为具有复杂适应系统特征的城市交通研究提供了重要支撑。

复杂适应系统[11]的基本思想可以表述为：系统由众多被称为主体的个体所组成，主体是具有自身的目的性和主动性、有活力和适应性的个体。主体能够在持续不断地与环境及其他主体交互中学习和积累经验，并且根据学习到的经验改变自身的结构和行为方式。主体的主动性和交互作用在不断改变着自身的同时，也改变着环境，是系统发展和进化的基本动力机制。复杂适应系统的进化和演变包含了新层次的产生、分化和多样性的出现，以及新的聚合所形成的更大的主体等。

表 2　可用于研究城市空间结构与交通网络关联问题的相关数据资源
Table 2　Suggested data resources for analyzing the relationship between urban spatial structure and transportation networks

数据类型	信息内涵	备注
移动通信信令数据	城市不同区域居民的活动空间	
公交 IC 卡数据	城市不同区域居民在公交网络上的活动空间	仅说明了 IC 卡用户情况
车辆牌照检测数据	城市中各种类型车辆在道路网络上的活动空间	并非整个路网均被检测系统覆盖，一般主要集中于快速路和主干路
人口普查数据	城市不同区域居民社会结构	不同区域居民社会经济属性结构的主要数据源
综合交通调查数据	城市不同区域居民交通行为特征	定制数据，针对性强
轨道交通运行数据	城市不同区域通过轨道交通网络形成的可达性	
公交 GPS 数据	城市不同区域通过常规公交网络形成的可达性	一般需要与调度数据配合使用
浮动车数据 (FCD)	城市不同区域通过道路交通网络形成的可达性	数据质量取决于采样车辆规模
城市兴趣点数据 (POI)	城市公共服务设施分布	
大众点评数据	城市公共服务口碑	
经济普查数据	城市就业岗位分布	专项数据，质量容易得到保障

事实上，规划人员并非不知道未来的理想方案，只是不知道多大程度上能够实现理想方案，以及用什么样的方式能够更好地逼近理想方案。而对于这个问题的答案，并不在于先知先觉的预测，而在于不断加深认识过程中产生的预见、预判以及与时俱进的对策调整。

在这一认识的基础上，传统的定期调查需要转变为连续监测，传统的预测需要转变为及时感知和基于认知的预判，传统上专注于交通系统供需关系的分析需要转变为对各种复杂关联所产生宏观涌现的研究（图2）。

城市交通中的各种参与者（用户、服务供给者、管理者等）均属于适应性主体，其共同特点是具有感知和响应的能力，自身持有目的性、主动性和积极的"活性"，能够与环境及其他主体随机进行交互作用，自行调整自身状态以适应环境，或与其他主体进行合作或竞争，争取最大的生存空间和延续自身的利益。他们经历了一种共同演化过程，导致系统状态从一种多样性统一形式转变为另一种多样性统一形式。

为此，需要根据主体的行为属性进行对象类别结构分析，同时观察其组群结构的时空分布，研究其密度和结构的演化。例如，引入市场营销的理念，把公交乘客根据态度和行为划分为忠诚与非忠诚两个部分，将有助于了解城市交通模式可能出现的变化。对于公共交通这类服务，乘客消费之后会产生一种自身需求是否被满足的认知，这种心理认知会积累并转化

为态度和行动上对公交服务的依赖和认可程度，并逐步影响乘客的出行方式选择趋势的变化，即公交忠诚度：乘客满意度低，甚至产生抱怨，一旦有了足够的经济能力，就很可能改变依赖性交通方式；乘客忠诚度高，使用公共交通出行的习惯就能得到鼓励和保持。图3显示了基于问卷调查对上海市公共交通用户忠诚度的分析结果，其中反映出真正对公共交通认同度高的用户仅为30%左右（这还是包含轨道交通的数据），显示出非常值得警觉的态势。这种受到能力限制规模有限的调查结果，虽然能够反映出值得关注的问题，但是对问题程度的结论仍然存有疑虑。通过数据间映射链接技术将这种问卷调查与IC卡数据联系在一起，则可以更加有效地将IC卡用户的行为忠诚度拓展到态度忠诚度，从而实现对整体问题程度的可靠把握。

将大数据与复杂性理论结合，将促使交通行为分析理论、网络流分析与大数据分析技术的融合，从而将城市交通规划理论推向新高度。

2.3 将大数据分析融入决策过程

由于大数据本身并非完美数据，也非如同交通调查那样的定制数据，因此很难直接借助传统模型实现决策支持，而是通过为专家组提供判断证据的方式实现支持功能。

值得注意的是，大数据所提供的分析证据具有盖然性特征，即有可能但不是必然（图4）。为此，如同间接证据理论中所强调的证据链一

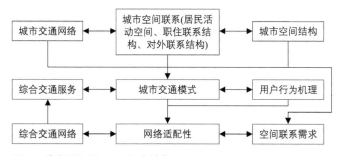

图2 常规监测的顶层积木结构
Fig.2 Framework of regular transportation monitoring system

图3 基于问卷调查的上海市公共交通用户行为与态度忠诚度交叉分析结果
Fig.3 Cross-analysis between behavior loyalty and attitude loyalty of public transit users in Shanghai based on questionnaire survey

样，大数据环境下基于证据的决策分析必须提供一个尽可能完整的证据视图，针对多个数据源所提供的多角度观察，在恰当度量基础上选择合理方式形成便于决策者理解的证据表征，并在对系统整体理解的基础上形成完整证据集合的决策视图。这种证据视图存在一个进化过程，伴随经验积累逐步完善（图5）。

构建证据视图不意味着完成了将数据资源转变为决策能力的过程，还必须解决基于证据的判断问题。由于城市交通问题的复杂性，加之计算机并不具备针对间接证据所形成证据链的处理能力，所以需要通过一个合理构成的专家组完成最后的决策判断。对此主要采用D-S证据理论的方法，即针对需要验证的假设，由专家个体分别进行各项证据对于结论支持程度的评判，而后采用某种技术方法加以综合。

以此为基础，大数据分析将通过三种形式参与到决策流程中（图6）：环节①，大数据分析主要发挥系统日常运行监测作用，以识别演化进程是否偏离预期轨迹，是否达到需要启动某种调控措施的程度，以及是否需要对某种征兆进行深入分析；环节②，针对某个具体分析任务在特定假设基础上进行深入研究，大数据主要发挥对传统调查数据的时间序列进行修正、对小样本分析结论进行扩样等作用；环节③，模型分析、仿真分析和大数据分析的成果均纳入基于证据的群决策判断框架之内，以求更加全面、正确地形成决策意见。

3 变革推进：多方参与的协同作战

从以上的讨论中不难看出，为顺应需求，借助大数据推动城市交通规划理论的变革，我们需要一种问题导向的理论与技术双螺旋协同的推进方式。

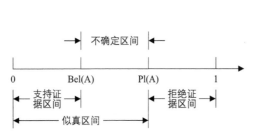

图4 大数据所提供证据的盖然性概念示意图
Fig.4 Illustration of the concept of probability based on the evidences from big data mining

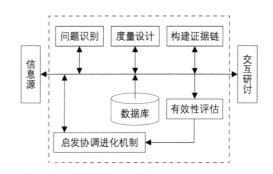

图5 证据视图的功能模型
Fig.5 Functional model of the evidence view

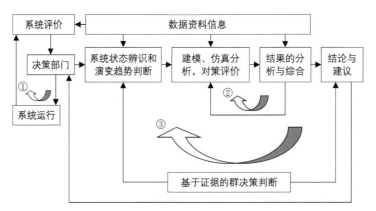

图6 大数据分析融入管理决策流程环节
Fig.6 Big data analysis in management decision process

3.1 问题导向强化拉动力

问题导向至少涉及以下六方面的决策支持问题。

（1）交通规划与城市规划之间的战略性对话

城市交通的希望取决于两个重要的支柱：可持续发展的交通模式和健康的城市空间结构。为达到这一目标，必须在城市规划的早期建立交通规划与城市规划之间的战略性对话。对话成果将在城市交通白皮书和城市总体规划纲要中得到体现。

两者间战略性对话所采用的话语体系，定义为居民活动空间与城市建成环境之间的关联分析。源于行为地理学的居民活动空间概念，反映出行为主体适应客观环境形成的累积结果；城市建成环境则是由各种社会主体的主观意志行为长期累积作用下所形成的城市客观环境。两者互动关系反映出居民空间活动与交通模式及城市空间结构之间复杂的关联，是研究战略性空间政策和交通模式引导政策的理论基础。

（2）交通需求管理的精准化调控

由于交通需求的双刃剑特点，为尽可能减少负面效应，争取最大的正面效果，交通需求管理的精准化调控强调在合适的时间和地点，针对恰当的对象，采用恰如其分的对策。而能否实现精准化调控取决于对交通系统的持续细致把脉，其关注点不仅限于量的分布，而且重视内在构成。

（3）公共交通的精细化服务

伴随社会发展，公共交通服务对象的需求日益多样化。公共交通服务体系建设是否也需要效仿航空运输业建立有效的客户管理值得思考。服务导向的公共交通体系不仅需要从运输能力上满足需求，而且要从满足客户的需要出发，以提供满足客户需要的产品或服务为义务，以客户满意作为经营的目的。公共交通的精细化服务就是这种理念指导下的具体行动。

作为具体技术支持手段，有效利用公交IC卡数据和问卷调查数据对乘客进行类别划分以及相应的活动空间分析，为细化服务需求提供支持。而详细分析公共交通服务水平和使用环境，将有助于了解影响乘客使用的各种因素。

（4）道路交通的精明化管控

基于路网交通状态演变的精明化管控，是在对路网状态演变分析基础上，为路网交通状态控制系统提供的控制策略。

与传统网络交通流分析不同，路网状态演化分析更加注重于路网耦合结构的识别、子系统间状态关联分析，采用的基本模型是将局部网络抽象为节点的超网络。近年来，交通领域中宏观基本图研究成果以及现实中道路网络层级结构，为基于超网络研究路网状态演化、制定宏观控制策略提供依据。大数据环境中的浮动车数据、牌照识别数据、定点检测数据等，为构建路网交通状态变化描述模型创造条件，为空间统计分析、关联规则挖掘等提供必要的技术手段。

（5）综合交通的一体化整合

从可持续发展的角度，规划人员更加关注如何构建减少对自然界索取、降低对生态系统排放、能够满足经济与社会发展需求的综合交通服务体系，而非简单地堆积基础设施。因此，综合交通的一体化整合，首先在于把握多样化需求，构建一体化的综合交通服务体系，而后在服务目标的指导下，建设相应的基础设施系统，实施相应的运输组织体系。

（6）面向公众的针对性沟通

在城市交通对策设计的过程中，公众应该从被动的管理对象转变成为参与主体。城市交通深层次矛盾并非表面的车路矛盾，而是人居环境诉求与机动化诉求之间的矛盾。近年来，公众对于雾霾的反应、环保意识的提升等，均体现了公众参与所产生的效应，促使城市交通管理者与研究人员探讨引导公众通过一定程序和途径，参与到与自身利益紧密相关的决策活动之中。从技术角度来看：①需要针对城市交通对策建立相应的社会评价方法，系统调查与预测拟实施对策产生的社会影响和社会效益，分析社会环境的适应性和可接受程度；②建立相应的舆情分析系统，及时掌握社情、民情，实现适时沟通和正确引导；③研究主动需求管理、机动化管理等新型对策手段和方法。

3.2 构建成长型技术环境，加大推动力

城市交通大数据分析技术环境的搭建是交通工程师和信息工程师共同参与的成长过程，且进一步分化为多种角色。

（1）城市交通战略实验室的分析人员。战略实验室并不承担具体大数据分析系统开发任务，而是根据对总体态势和趋势的研判，提出新的战略性交通对策理念，研究大数据环境下城市交通规划和管理的新模式、新方法，提出大数据应用的需求框架。

（2）数据资源开发技术人员。深入剖析数据资源的应用价值，制定信息资源应用方案，解决相关数据挖掘和信息融合问题。开发技术人员与第一类人员不同，相对聚焦于一个较窄的领域精耕细作，一般不会跨界工作。

（3）大数据分析系统研发人员。根据第二类人员所提出的设计方案来具体实现。

（4）数据驱动的决策分析人员。他们是与实际应用最贴近的技术人员，运用上述大数据分析技术方法改善实际交通问题。

技术环境建设过程也是各类人员相互交流、沟通和融合的过程，因此交通大数据分析系统需要搭建与这些人员有效参与相适应的合理构成方式。在图7所示的系统架构中，底层基础数据仓库具有较为稳定的结构，一方面为上层系统的搭建提供基础性支持，另一方面也为交通工程师有效使用数据并摸索、积累分析经验提供有效帮助。上层的应用系统则呈现逐步稳定下来的结构特征，即伴随对问题理解的深化，逐步完善和成熟。中层是中间件工具，在底层数据模型上定义的相应算法以及上层应用系统开发中提炼的重要算法，将逐步丰富中间层包含的各种分析工具。

城市交通大数据分析技术环境并非一个单纯的决策支持系统，也是交通工程师逐步取得经验的实验室。交通工程师不仅以用户身份，而且尽早以摸索经验的设计者身份参与到系统成长过程，将极大地影响系统成熟速度。

3.3 重视互动，提升促进力

通过大数据推动城市交通规划理论变革的过程，是一个实践、技术和理论相互促进的过程。中国的快速城镇化和机动化过程，既产生了巨大的挑战，也为观察实际问题提供了很好的样本；对于移动通信、公交IC卡、车辆牌照和定点检测器等数据的挖掘分析，加深了对技术应用的认识，也揭示出隐藏在数据背后的启示与规律；行动者网络、社会网络等基础学科理论的引入，以及交通工程本身的理论发展，将为技术应用和社会实践提供方向性支撑。

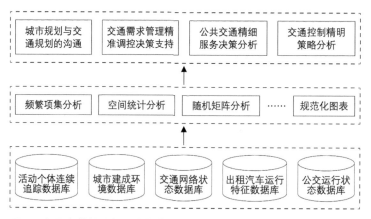

图7 交通大数据分析系统架构示意图
Fig.7 Illustration of system architecture of transportation big data analysis

提炼实践经验、改进技术方法和提升形成理论，对研究者提出了不同的知识结构和思维模式的要求，但又需要相互促进和融合。为此，提出一个多维一体的城市交通规划理论研究框架（图8），形成研究工作内容的组织模板。

4 结语

城市交通规划实践需求所产生的拉动力，大数据分析技术所产生的推动力，相关基础学科研究进展所产生的促进力，加上交通规划研究者对未来发展的洞察力，促使城市交通规划理论正在发生一场变革。新理论并不排斥传统技术与方法，而是顺应发展要求将大数据分析技术、模型分析技术和仿真分析技术纳入一个建立在证据理论基础上的新决策分析概念框架，并力图从多个分析维度观察研究对象，将城市交通规划推向一个建立在适时响应机制基础上的过程管控模式。

这种变革趋势无论从实践需求、技术能力和概念探讨等方面来看，都已初露端倪，加之引入相关学科的研究成果，完全有可能很快形成较大的突破。现阶段，新理论发展最重要的是变革意识的催化剂以及管理者、工程技术人员和研究者形成合力。由于需求和规律的客观性，不论我们用何种方式表述未来的城市交通规划理论，其变革的趋势和方向将是一种必然。

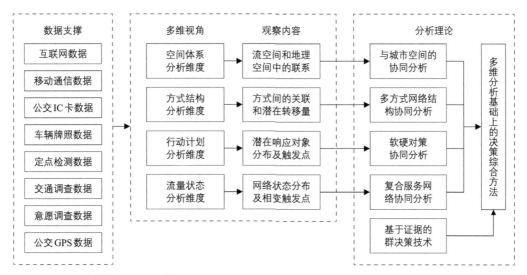

图8 多维一体的城市交通规划理论研究框架
Fig.8 Framework of multi-dimensional urban transportation planning theory

作者简介：**杨东援** 博士，同济大学原副校长、教授、博士生导师。

参考文献

[1] 王静霞. 新时期城市交通规划的作用与思路转变 [J]. 城市交通，2006，4(1): 17-22.
[2] 汪光焘. 论城市交通学 [J]. 城市交通，2015，13(5): 1-10.
[3] 戴继锋，苏腾. 新时期城市综合交通体系规划的挑战和应对思考 [J]. 综合运输，2015，37(7): 42-49.
[4] 董艳华. 城市群交通规划的理论分析与政策建议 [J]. 综合运输，2010(9): 21-26.
[5] 陈必壮，杨立峰，王忠强，等. 中国城市群综合交通系统规划研究 [J]. 城市交通，2010，8(1): 7-13.
[6] 彭建，王雪松. 国际大都市区最新综合交通规划远景、目标、对策比较研究 [J]. 城市规划学刊，2011(5): 19-30.
[7] BÜHRMANN S, WEFERING F, RUPPRECHT S. Guidelines: Developing and Implementing a Sustainable Urban Mobility Plan[R]. Cologne: Rupprecht Consult, 2014.
[8] GRANT M, HARTLEY W S, MILAM R, et al. Handbook for Estimating Transportation Greenhouse Gases

for Integration into the Planning Process[R]. Alexandtia: National Technical Information Service, FHWA-HEP-13-026, 2013.

[9] GRANT M, MCKEEMAN A, BOWEN B, et al. Model Long Range Transportation Plans: A Guide for Incorporating Performance-Based Planning[R]. Alexandria: National Technical Information Service, FHWA-HEP-14-046, 2014.

[10] Program and Organizational Performance Division, Volpe National Transportation Systems Center, U.S. Department of Transportation. FHWA Scenario Planning Guidebook[R]. Washington DC: Federal Highway Administration, 2011.

[11] 霍兰，陈禹，方美琪 . 隐秩序: 适应性造就复杂性 [M]. 周晓牧，韩晖，译 . 上海: 上海科技教育出版社，2011.

全数字化城市设计的理论范式探索

Exploration on Theoretical Paradigm of All-Digital Urban Design

杨俊宴

摘　要　数字化城市设计为城市规划学科提供了令人振奋的机遇，也向城市设计的理论建构与实践应用提出了新的命题。信息时代的城市设计，各类空间相关的基础信息都存在于异构的各种数据系统中，且具有多时态、多坐标、多量纲和多格式等特征，不利于进行数据协同和深度设计挖掘，迫切需要将多源大数据整合于统一规范的空间平台，协同分析城市发展规律。本文在多源大数据的基础上，阐述了全数字化城市设计的概念。通过构建全数字化城市设计框架，研究全数字化城市设计的工作方法——基础性工作包含采集、调研、集成；核心性工作包含分析、设计与表达；实施性工作包含报建、管理与监测。据此可建立基于全数字化流程的城市设计理想范式，以适应不同城市的实践应用。

关键词　全数字化；城市设计；理论范式；多源大数据

在当下全球化和信息化的时代语境中，城市空间的内涵与形态正在发生日新月异的变革，通过传统的城市设计方法对城市空间进行整合和谋划变得越来越力不从心。城市设计在数字技术的推动下，应对城市这一复杂巨系统的新需求，做出方方面面的变革，从而获得新生。国际城市设计学界和业界在百年的演进脉络中，也逐渐出现新一代城市设计的趋势，以数字化的人机互动为核心特征，被称为"第四代城市设计"[1]。

数字化城市设计为城市规划学科提供了令人振奋的机遇，也向城市设计的理论建构与实践应用提出了新的命题。一方面，数字技术的发展必将导致传统的城市设计在理论、方法、内容等各方面发生变化，使之成为适应信息时代需要的"全数字化城市设计"，城市设计将如何发展？规划师在城市设计实践中的角色会发生如何的变化？另一方面，城市设计在接受

数字化技术全面介入的过程中，数据和信息如何为数字化城市设计的实现提供必要的技术支持？这些问题都需要我们扎根于城市发展的实践问题，探讨城市设计的发展目标。中国城镇化进程在取得巨大成就的同时，也出现了种种令人关注的问题，包括整体空间结构与形态的无序、城市空间增长边界紊乱、城市山水格局破坏、人的实际感知和真实生活体验品质不高等，尤其在当前"降速－提质"转型过程中，应对人民日益增长的美好生活的需要，对于空间形态的品质和特色提出了更高的需求。城市设计从上帝视角转向蚂蚁视角，其数字化转型趋势受到越来越多的学者关注。孙钊等学者对三维数字技术在城市规划中的应用进行简要总结，重点分析如何运用三维数字技术辅助城市设计，并结合实践，介绍基于三维数字技术城市设计的工作方法[2]。黄烨勍、孙一民也对微观尺度的城市设计的量化，提供了具有一定数

原载于《国际城市规划》2018 年第 33 卷第 1 期。

字化意味的方法支撑——街区适宜尺度的判定特征及量化指标[3]。洪成与杨阳对于城市设计中的主要技术平台——GIS，将承担起多种技术、多种软件平台、多来源信息、多个工作阶段相互整合的重要作用[4]。曹哲静与龙瀛对于数据自适应城市设计的基本概念和基本流程进行了详细的讲解，并且将长周期的规划设计评估转换为短周期的空间反馈与空间干预[5]。

既有研究分别从技术或实践层面探讨了城市设计的数字化技术，在数字技术介入城市设计的过程中，不仅要关注技术层面的不断拓展创新，以及因此带来的城市设计工作在效率和内容的提升，也要关注由于数字技术的介入使得城市设计整体方法论变化的趋势，这种整体性趋势主要体现在以下方面。

（1）全流程的整体介入。改变只在专题分析等单一阶段切入城市设计的模式局限。数字化技术应该是贯穿于城市设计的整体过程，这样才能真正实现城市设计全流程的可评价、可量化、可分解。

（2）全尺度的综合判断。数字化技术全面融入城市设计并不是唯技术论，而是有重大实际价值的城市设计方法优化，可以打破各种尺度空间的信息壁垒，使之在统一的数字化平台上实现全尺度设计，有效提高了城市设计的效率，并为设计提供了更多元的价值判断视角。

（3）精准交互的跨学科转译。传统的城市设计方法难免局限于规划、建筑和景观的学科思维内，其成果语境缺乏跨学科的包容性和开放度。通过数字化的技术手段不仅促进了规划学科与其他更广泛学科的积极互动，也为其他学科提供了新的精准对接途径。同时，大量相关学科诸如文化、社会、历史、生态等诸多以往定性模糊的分析领域也有相当一部分可以通过数字化手段实现数理模型化与可视化，无缝纳入城市设计对接范畴。

在理论思考的基础上，笔者尝试总结新世纪以来承担的上海、南京、杭州、郑州、芜湖、蚌埠等不同类型城市的城市设计实践，对全数字化城市设计的相关技术手段予以应用和验证，改变以往城市设计数字化技术应用往往缺乏大量有效实际数据和足够成果检验的问题。在总结实践反馈的同时，探索数字化城市设计全流程的理论范式。

1 全数字化城市设计的框架建构

全数字化城市设计源于信息时代丰富的多类型大小数据涌现，“万物皆数”为城市设计的底层架构提供了坚实的基础。我们将数字化城市设计的技术轮廓按照工作流程概括为三个主要类型——基础性工作、核心性工作和实施性工作，其中基础性工作包括数字化采集、数字化调研、数字化集成；核心性工作包括数字化分析、数字化设计、数字化表达；实施性工作包括数字化报建、数字化管理、数字化监测。在城市设计的全过程进行数字化提升，实现了数字化技术对于城市设计全过程的整体覆盖，并以此构建了全数字化城市设计的技术谱系（图1）。

全数字化城市设计的基础性工作有：采集流程的数字化方式包括建筑空间抓取技术、高清遥感影像技术、高程等高线抓取技术等，其传统方式为人工实地采集、测绘；调研流程的数字化方式包括GPS定位技术、天空可视域技术、延时摄影技术，其传统方式为人工问卷调查、访谈；集成流程的数字化方式包括格式、量纲、坐标系、集成平台和手机信令在建筑面积的分配，其传统方式为人工数据汇总、纸质资料收集。

全数字化城市设计的核心性工作有：分析流程的数字化方式包括中心体系技术、眺望体系技术、手机信令大数据技术、业态POI大数据技术等，其传统方式为专题分析；设计流程的数字化方式包括空间特色技术、空间原型技术、虚实骨架技术、多情景分析技术、多因子叠加技术、参数化平台技术等，其传统方式为草图控制；表达流程的数字化方式包括全息图技术、三维建模技术、场景渲染技术、动态表达技术，其传统方式为计算机表现、实体模型建构。

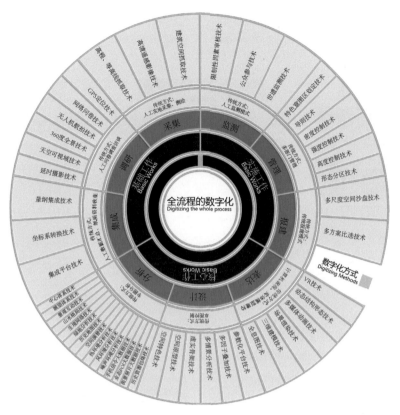

图 1　数字化城市设计全流程图
Fig.1　Digital city design full flow chart

全数字化城市设计的实施性工作有：报建流程的数字化方式，包括多尺度空间沙盘技术、多方案比选技术等，其传统方式为传统报建模式；管理流程的数字化方式，包括形态分区技术、高度控制技术、强度控制技术、密度控制技术、导则技术、特色意图区划定技术、项目化技术等，其传统方式为多部门管理；监测流程的数字化方式，包括限制性因素审核技术、公众参与技术等，其传统方式为人工监测模式。

2　全数字化城市设计的基础性工作：采集、调研、集成

2.1　数字化采集

数字化采集指通过数字化技术，对城市空间的数据（如建筑、道路、山体、水系等）进行计算机全自动或半自动抓取的方法。常见的此类采集技术包括建筑空间抓取技术、高清遥感影像技术、高程等高线抓取技术、物理环境数据抓取技术等。基于数字化的城市基础数据采集技术不仅可以在较短时间内获取城市基础空间数据和相关数据的一手资料，还可保证数据的时效性。与传统数据采集相比，数字化采集具有用时短、精度高、采集面广、即时更新等显著优点，同时极大程度弥补了传统人工采集导致的数据误差、坐标偏离、更新周期长等问题。数字化采集在城市设计实际工作中的应用首先是城市空间基础数据的采集，此类数据通常包括城市建筑、道路、山体、水系等类型，如通过高程抓取技术获取山体的三维模型数据形成数字高程模型（digital elevation model, DEM）①实现对地面地形的数字化模拟。又如城市空间环境数据的采集，此类数据通常包括

---

①数字高程模型是用一组有序数值阵列形式表示地面高程的一种实体地面模型，从而得到包括高程在内的各种地貌因子，如坡度、坡向、坡度变化率等因子在内的线性和非线性组合的空间分布。

风、声、热等物理环境，主要以现场实测数据和物理环境模拟（如 Cadna、Ecotect 等软件）相结合的方式获取城市的物理环境资料，为城市设计中的物理环境优化提供依据（图 2）。

建筑空间抓取
通过谷歌、高德等地图数据库和 OSM 数据网站等入口，结合实地调研整理而成的城市建筑、用地、道路等相关数据的技术方法

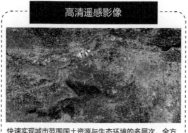
高清遥感影像
快速实现城市范围国土资源与生态环境的多层次、全方位综合调查的技术方法，客观、真实、系统地反映城市的建设情况

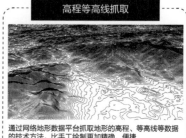
高程等高线抓取
通过网络地形数据平台抓取地形的高程、等高线等数据的技术方法，比手工绘制更加精确、便捷

图 2　数字化采集的技术类型
Fig.2 Types of digital acquisition technology

以等高线抓取技术为例解析数字化采集的工作流程。首先进入地理空间数据云并下载 DEM 高程数据，并将 IMG 格式的栅格数据导入 ArcMap 中[②]。然后将栅格数据进行等值分析，从而得出地形的等值线，其中包含了数据的镶嵌、裁剪及提取三个核心性工作。最后将数据导出 DWG 得到所需的地形等高线数据，可进行矢量化模拟。当然，若需要得到地形的三维可视化表达，也可将得到的等高线数据导入 Arcscene 进行栅格表面浮动，从而得到理想的可视化效果。

等高线数据的采集在城市设计实际工作中有着广泛的应用。不仅能够对地块地形有更深入、更直观的了解，亦能辅助于城市设计的各个阶段，例如模型的构建、设计结合地形推敲方案、城市山水格局等自然环境的分析、城市视廊天际线的控制等，最大限度地保证城市设计与自然地形的有机结合。例如在某城市设计中，通过等高线的抓取并建立三维数据库定量分析发现，该城市的地形很有特色，城市整体上平坦，没有特别大的地形起伏，也没有很高的山，但有很密集的点团状山丘和小型下凹地形（图 3）。基于这一发现，城市设计在对山体和水面分形分析基础上，提出"千湖点丘"作

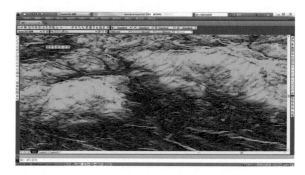
图 3　基于等高线抓取技术的山地三维效果图
Fig.3 3D rendering of mountain based on contour line grabbing technology

为城市空间特色，未来的城市空间形态围绕精致山水组团格局展开。这不仅契合该城市自身的特点，也为城市未来的发展方向提出了新的可能性。

2.2　数字化调研

数字化调研指通过互联网、无人机、倾斜摄影机、激光雷达设备、延时摄影机等数字化设备，在实地调研过程中对城市空间进行现场数字化记录的方法。常见的此类调研技术包括 GPS 定位技术、网络问卷技术、无人机航拍技术、360 度全景技术、倾斜摄影建模技术、天空可视域技术、延时摄影技术等。在实地调研过程中，数字化调研技术能辅助调研者获取和记录更多的调研感受，从鸟瞰视角、人眼视角、

②值得注意的是，研究范围若跨越多个数据边界，需全部下载后自行拼接。

环形视角、仰视视角等不同角度强化人对空间的感知，将调研场所的空间特质更加完整、具象地记录下来，从而弥补传统调研手绘记录所造成的细节丢失、感知范围小、标准不统一等缺陷。同时，通过数字化调研采集的现场数据，更便于设计者进行二次整理。数字化调研在城市设计实地调研中的应用首先是数字化定位技术，通过 GPS 基站定位或手机导航定位，能够获得更加精准的空间定位；其次是互联网问卷技术的应用，不仅极大缩减传统问卷发放所用的时间，同时通过网络问卷的统计，在实地调研中更具有目的性和针对性；最后是三维摄取技术，灵活运用多种拍摄设备，一方面从不同视角包括 VR 全景来感知城市空间，另一方面运用不同摄取技术调研城市空间的详细三维形态、街景空间细节、不同时间的活动特征等问题（图 4）。

GPS 定位调研

通过设立现场 GPS 定位基站，通过多个终端设备的接收定位波获取高精度定位的技术，尤其适用于大规模湖泊水面

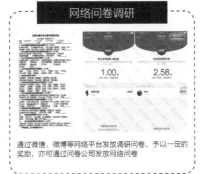

网络问卷调研

通过微信、微博等网络平台发放调研问卷，予以一定的奖励，亦可通过问卷公司发放网络问卷

无人机 + 倾斜摄影航拍调研

通过携带高清摄像头、倾斜摄影多像头或红外遥感摄像头的无人机，对城市空间进行大面积航拍、建模的技术

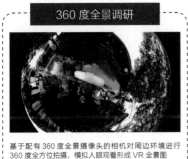

360 度全景调研

基于配有 360 度全景摄像头的相机对周边环境进行360 度全方位拍摄，模拟人眼观看形成 VR 全景图

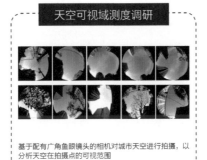

天空可视域测度调研

基于配有广角鱼眼镜头的相机对城市天空进行拍摄，以分析天空在拍摄点的可视范围

延时摄影调研

通过单反的延时摄影功能，对某处城市特色空间场所进行长时间摄影而获取的人流动态活动规律

图 4　数字化调研的技术的部分类型
Fig.4　Types of digital research technology

　　以 GPS 定位技术为例，解析数字化调研的工作流程。首先是基站点的选取，通常选取临近设计基地范围的较为开阔地段设立 GPS信号基站，以获取准确的 GPS 定位。其次是定位定点，通常会将设计地块进行栅格化处理，对每个栅格的交点进行 GPS 定位，并记录调研观测的数据，可以采用拍照、手绘记录、空间注记等多种方式。最后将调研数据进行计算机汇总及整理，在 GIS 中对每个 GPS 点数据赋值，生成渐变的火山图。
　　GPS 定位技术最大的优势在于调研坐标的精确定位，辅以多种数字化方法，达到精确调研的目的。尤其在大型河湖水面、旷野郊外、丘陵山区等不易以标志物定位的地区，通过 GPS 定位技术可以精确确定观测点位置，并对整个空旷地段进行网格化图像获取，最后将各点图像及各点坐标输入计算机进行链接，可以获得精确而完整的场地内各点的空间信息。如某城市滨水空间城市设计中（图 5）[6]，将湖面进行栅格化，以 250 m 为基本单元进行纵横向划分，网格交汇点为子视点并编号，以手摇船为代步工具，运用 GPS

综合统计

综合统计是将堤岸部分和湖面部分的计分点分值统一合并输入到计算机中进行综合计算，进行等高线的立体生成，从而得到三维分值图像，与地形图叠合，最终得出西湖及沿湖堤岸各景观点看西湖东岸城市景观的综合评价图

计算机等高线生成图

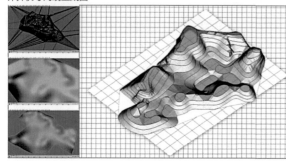

(a) 计算机等视线模型

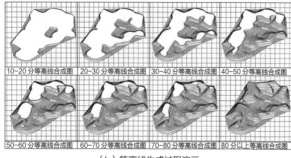

| 10~20 分等高线合成图 | 20~30 分等高线合成图 | 30~40 分等高线合成图 | 40~50 分等高线合成图 |
| 50~60 分等高线合成图 | 60~70 分等高线合成图 | 70~80 分等高线合成图 | 80 分以上等高线合成图 |

（b）等高线生成过程演示

(c) 计算机等视线模型

图例

综合评分 10-20
综合评分 20-30
综合评分 30-40
综合评分 40-50
综合评分 50-60
综合评分 60-70
综合评分 70-80
综合评分 80-90

图 5　基于 GPS 定位技术的滨水空间望城景观评价图

Fig.5　Landscape evaluation map of waterfront space city based on GPS positioning technology

定位系统确定每一个水面视点的准确湖面位置，各视点均以滨水的两处标志性塔楼为界，环拍水面观测到的城市景观，最终得到湖面有效全景照片 130 张。然后对每一子视点所观察到的城市滨水立面进行评价，再将子视点坐标、编号及分数一并输入计算机进行综合计算，运用等视线划分技术进行等高线的立体生成，从而得到三维分值图像，并与地形图叠合，最终得到该湖泊及沿湖堤岸各景观点看城市景观的综合评价图。

2.3　数字化集成

数字化集成指不同量纲、坐标、单位、格式的数据进行集成处理，得到统一的可用于城市设计的时空数据，通常包含格式集成、量纲

集成、坐标转换、集成平台等工作方法。通过调研和采集而来的各种数字化数据通常存在量纲、格式、纬度等多方面的差异性，通过数字化集成可将这些数据以某一量纲或是格式为基准，进行多种数据的融合处理，从而得到统一化的数据，便于多源数据的交叠分析。与传统人工进行多源数据集成分析不同，数字化集成更具科学性、系统性、精确性，有效避免了人工判断所带来的误差，同时提高了数据来源的广度与深度，为更多源的数据集成提供了可能性及可行性（图 6）。

以手机信令数据和空间单元数据的量纲转译集成为例，解析数字化集成的工作流程[3]。首先按照分析需求对原始手机信令数据进行数据

---

③手机信令大数据是一种集空间坐标、时间轴、用户信息为一体的数据类型，此处以手机信令静态坐标数据与城市空间单元两种不同量纲数据的集成为例。

量纲转译集成	坐标系转换	数据集成平台
将不同量纲的城市数据（如手机信令数据和建筑用地数据）进行汇总和集成处理，进行对比研究	对不同空间坐标的基础数据进行坐标转换，使用同一套坐标，便于数据的集成	将城市空间的不同数据进行叠加并汇总于同一数据平台，用于数据的分析和处理

图 6 数字化集成技术的部分类型
Fig.6 Types of digital integration technology

时间的选取，并进行初步的数据采集提取。其次对提取的数据进行清洗处理，并将清洗后的数据以统一的坐标系导入 ArcGIS。最后利用 Thiessen 多边形将静态数据与用地－建筑为基本单元的空间形态数据进行叠合。其中包含了计算每个基站服务的信令小区范围、计算手机用户密度、将 Thiessen 多边形与城市用地地块、建筑形态图层关联叠加、统计叠加后的空间碎片的三维活动空间总面积、将统计好手机用户总数的用地地块与原始空间数据库进行关联等几个关键步骤，经过现场校核，和实际密度的匹配度达到 88% 以上。

通过量纲集成技术，可以将不同量纲的数据转译为同一种数据语境并加以分析，实现了城市不同维度数据统一分析的可能性。例如，在某城市设计中（图 7、图 8），将手机信令数据叠合到城市空间用地中，发现人群的分布在空间上呈现明显的分布特征，同时不同时段人群在空间上的分布也各不相同。以此为基础，一方面将不同时段人群集中区对应到用地功能，得出城市人群活动在不同时段的公共空间及资源的需求，从而对城市用地功能及配套设施进行优化；另一方面可以得到上下班高峰期人群的出行规律，从而为城市公共服务设施的配置、公共交通的优化及道路的调整提供设计依据。

3 全数字化城市设计的核心性工作：分析、设计与表达

3.1 数字化分析

数字化分析指通过数字化软件、技术及分析体系对城市空间、格局、景观、人文、环境等一系列要素进行模拟及分析。

数字化分析方法大致包含五种类型：第一类为都市分析类，包括中心体系分析、眺望体系分析、地标门户分析、景观互动分析等；第二类为

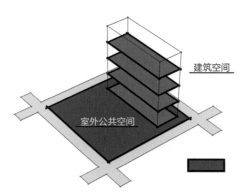

图 7 人群三维空间活动图
Fig.7 Crowd 3D space activity map

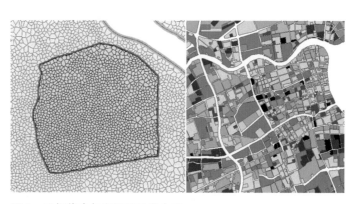

图 8 手机信令与空间单元叠合图
Fig.8 Overlay of mobile phone signaling and space unit

景观分析类，包括山水格局分析、生境网络分析、绿地匹配分析等；第三类为人文分析类，包括历史地图分析、历史资源包络分析、空间演替分析、建筑谱系分析等；第四类为物理环境分析类，包括热环境分析、风环境分析、噪声环境分析等；第五类为大数据分析类，包括手机信令大数据分析、业态 POI 大数据分析、词频语义大数据分析、街景照片大数据分析等（图 9）。

数字化分析技术弥补了传统城市设计分析以人工判断为准的主观性强、缺乏科学依据的不足，呈现出数据面广、分析更为精准、结论更为客观等特征优势。基于数字化的分析技术不仅可揭示出空间形态背后的规律，还可规避主观定性判断导致城市设计分析与实际情况相脱节的问题，提高设计师对城市问题研判的准确性、时效性、客观性及可操作性。

数字化分析在实践中的应用首先是对城市物质空间的各项判断，包含城市都市、山水及人文三大层面。如历史资源包络分析技术，将历史文保单位通过包络线进行联系，分析资源点之间的关联度，进而将城市空间划分为不同层级的关联片区，为历史资源评价的科学理性分析提供了可能性。其次是对城市物理环境的分析判断。如噪声环境分析技术，以现场噪声数据实测和 Cadna/A 噪声模拟软件相结合的方式对城市噪声环境进行模拟，开展以城市空间为主体的不同尺度、不同类型的模拟研究，使用模拟噪声数据与实测采样数据比照，提高噪声模拟的准确性，构建城市三维噪声地图，为城市微气候优化提供依据。同时，大数据也在分析实践中有着广泛应用。例如词频语义分析技术，通过采集获取并整合处理而得的城市中各个特色要素在互联网搜索引擎中作为关键词的搜索量集合而成的大数据资料，通过百度词频大数据可以探寻城市中各特色要素在网络中的搜索热度，构建城市意象的认知体系。

以声环境分析技术为例，解析数字化分析的工作流程。城市中声环境影响最大的是交通噪声，城市声环境模拟分析技术即通过对城市噪声进行实测和模拟，对城市中噪声敏感区进行声学仿真。首先是空间格栅样本点的现状实测数据，并将实测数据与模拟数据进行校核。其次，将实测数据进行整理并录入至 Cadna/A 软件中，在输入建筑、道路、轨道、三维视角等一系列参数后，对地块进行整体的噪声环境模拟计算。最后依据国家及各城市噪音控制标准划分噪声分区。通过声环境的模拟分析，能够对整个设计地块的噪声值分布有更加直观、清晰的了解，进而在设计过程中辅助对地块环境进行空间优化，营造交通宁静区、控制交通嘈杂区。同时也能通过对设计方案的声环境模拟来客观评判，进而优化调整。例如在某城市火车站地区城市设计中（图 10），对地块声环境进行模拟分析以划分声环境强弱分区，发现大量线形空间廊道的平均噪声分贝明显高于正常标准，严重影响了周边居民的正常生活。基于这一现象，在方案设计中通过场地环境的再设计、隔音墙的布置、沿街植被的选取等一系列手段，有目的地降低轨道交通对周边环境的影响。接着将设计方案输入声环境分析软件，进一步验证方案能否削弱噪声，发现第一轮的方案没有取得良好的效果，在此基础上对方案进行调整，对关键街区的建筑体量、形态排布、沿街绿地宽度、绿化覆盖率等一系列指标进行调整。通过多轮验证修改，将交通噪声对城市空间的影响降到最低。

3.2　数字化设计

数字化设计指通过建立完整的数字化技术方法对城市空间的结构框架和三维形态进行设计，通常包含空间特色判定、空间原型分析、虚实骨架建构、多元情景分析、多因子叠加模型、参数化设计平台等。数字化设计最显著的特征是在设计各个环节建立完整的逻辑框架，以指导后续的设计工作，相比传统设计方法具有指导性更强、逻辑性更缜密、体系更完整等特征优势。以空间原型为例，城市空间原型是将城市空间形态在全球城市空间数据库的基础上进行分析计算，找出构成本城市形态的最核

中心体系分析

对城市不同等级、不同类型的职能中心进行分类与分级，比较中心在空间中的布局规律及中心之间的体系关系

眺望体系分析

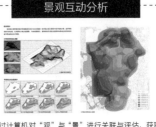

标出城市中观景点与景观点的坐标，并将其有选择地联系形成眺望视廊，形成城市景观眺望体系

景观互动分析

通过计算机对"观"与"景"进行关联与评估，获取"观－景"等视线划分的分析成果[6]

山水格局分析

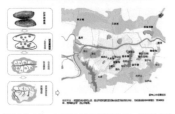

将城市的山体、水系等自然元素进行抽离，单独分析其格局形胜，挖掘形态特色

生境网络分析

通过城市地形、城市建筑与道路、城市山水等不同要素的叠加，分析城市自然本地的技术

绿地匹配分析

通过 ArcGIS 分析绿地与城市各项指标的关联性，通常包含绿化覆盖面积、公园绿地匹配度、绿地与居住区耦合度等相关内容

历史地图分析

通过古籍查阅城市不同朝代的城市平面图，对比研究城市扩张与发展的历程，找出城市未来的生长方向

历史资源包络分析

指城市空间中各级历史文保单位两两联系的连接线，线条的颜色及粗细代表联系的强弱

空间演替分析

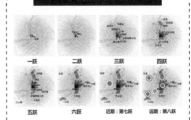

在历史地图的基础上，对城市不同年代的空间布局进行抽象化表达，进而比较其空间布局的演替发展规律

热环境分析

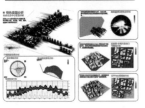

通过 Ecotect 等热环境模拟软件，结合设计地块三维模型，对地块的热环境进行模拟，得出冷热岛分布规律

风环境分析

通过 Cadna/A 等风环境模拟软件，结合设计地块三维模型，对地块的流体进行模拟，得出风廊道分布规律

噪声环境分析

通过 Cadna/A 等声环境模拟软件，结合设计地块三维模型，对地块的噪声进行模拟，得出宁静区、嘈杂区分布规律

手机信令大数据分析

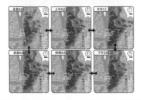

分为静态与动态两类；静态一般包含以基站为基本单元，各个时段的手机用户数量的 txt 文件；动态一般指的是 OD 数据，包含以各用户为基本单元在不同时间段的起始空间位置记录数据

业态 POI 大数据分析

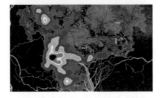

即通过相关软件采集并整合处理而得的海量城市业态坐标数据及空间分布的数据资料，资料的内容包含所有业态点的地理坐标、业态名称、关键词等相关信息

街景照片大数据分析

基于城市街景图像大数据，通过机器深度学习的人工智能技术对所采集到的图片数据进行智能的分割识别和占比等指标的计算。可以基于街景图片识别技术对城市空间进行更加人本层面的解读

图 9　数字化分析技术的部分类型
Fig.9　Types of digital analysis technology

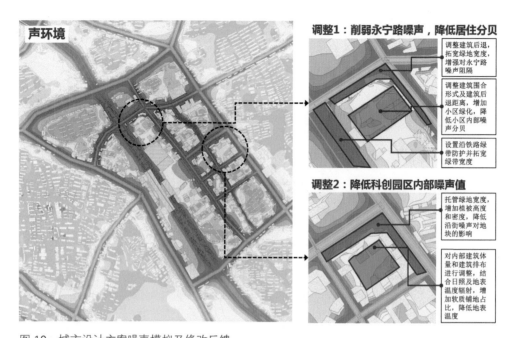

调整1：削弱永宁路噪声，降低居住分贝

调整建筑后退，拓宽绿地宽度，增强对永宁路噪声阻隔

调整建筑围合形式及建筑后退距离，增加小区绿化，降低小区内部噪声分贝

设置沿铁路绿带防护并拓宽绿带宽度

调整2：降低科创园区内部噪声值

托管绿地宽度，增加植被高度和密度，降低沿街噪声对地块的影响

对内部建筑体量和建筑排布进行调整，结合日照及地表温度辐射，增加软质铺地占比，降低地表温度

图 10　城市设计方案噪声模拟及修改反馈
Fig.10 Noise simulation and modification feedback of urban design scheme

心要素，进而将其拓扑演绎为高度抽象的数理模型。在此基础上，对同一城市不同时期的空间形态进行比较，可以得到城市在生长过程中空间原型控制下的演替规律，以此为城市未来发展提供参考。这不仅可揭示城市拓展现象背后的规律，还可降低主观判断导致方向判断错误的概率，促使城市设计朝着更客观、严谨的方向发展（图 11）。

以空间原型分析为例，解析数字化设计的工作流程。空间原型即城市的基本空间形态模式，以平原型城市为例。首先采集国际上典型平原型城市空间大数据，建立该类型的空间谱系，解构其空间形态的构成模式，并进行拓扑抽象分析，得出空间原型的基本类型，大致可以分为多中心空间模式、格网棋盘街坊式、环形圈层放射式及轴线关联式等。接着分析每一种空间形态模式的特点、优势、不足及适用条件。最后，对所设计的城市空间进行结构分析和多情景模拟，评估不同的空间原型在该城市发展的可能性，并进行对比分析，找出最适合该城市的空间原型。

该技术可以辅助设计者了解国内外与设计地块相似的城市空间形态模式，全面解析不同城市原型对城市带来的利弊及影响，并以此为基础进行多情景模拟，通过不同类空间原型的极化方案比选，找出适合设计地块的空间形态原型。例如在某总体城市设计中（图 12）[7]，发现该城市面临着城市空间的"平凡"、城市拓展的"平铺"及城市特色的"平淡"。针对这些问题，同时基于对该城市水系、铁路、道路、组团等既定要素的整合分析，建构平原型城市的空间原型对该城市总体空间形态进行 4 种情景模拟。结果发现，该城市若采用中轴对称式形态，则是一种轴向展开的核心空间功能片区布局模式；若采用主副轴模式形态，则是一种统领有力的主副串联空间结构；若采用中心放射式形态，则是一种特色鲜明的环形放射空间格局；若采用组团连接式形态，则是一种功能明确的特色空间板块发展态势。综合考虑以上 4 种情景模式的特征及优劣势，基于对城市现状空间问题的回应和对城市发展战略目标的统筹考虑，确定该城市总体空间结构为"以主副轴为主格局，兼顾组团式发展"的模式，对该城市的空间形态起到了整体性的支撑作用。

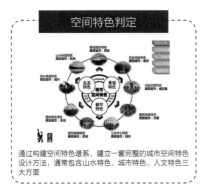

空间特色判定

通过构建空间特色谱系，建立一套完整的城市空间特色设计方法，通常包含山水特色、城市特色、人文特色三大方面

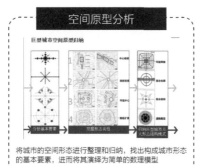

空间原型分析

将城市的空间形态进行整理和归纳，找出构成城市形态的基本要素，进而将其演绎为简单的数理模型

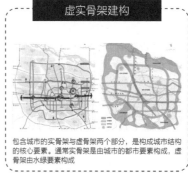

虚实骨架建构

包含城市的实骨架与虚骨架两个部分，是构成城市结构的核心要素。通常实骨架是由城市的都市要素构成，虚骨架由水绿要素构成

多元情景分析

设计过程中结合不同情景设计不同的方案，最终通过必选和讨论得出最终方案

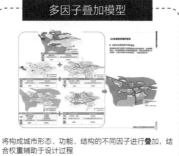

多因子叠加模型

将构成城市形态、功能、结构的不同因子进行叠加，结合权重辅助于设计过程

参数化设计平台

将城市中某一类型的不同物质空间要素转译为参数，并通过参数化平台整合到同一张地图中，形成这一类型的全息图

图 11　数字化设计技术的部分类型
Fig.11 Types of digital design technology

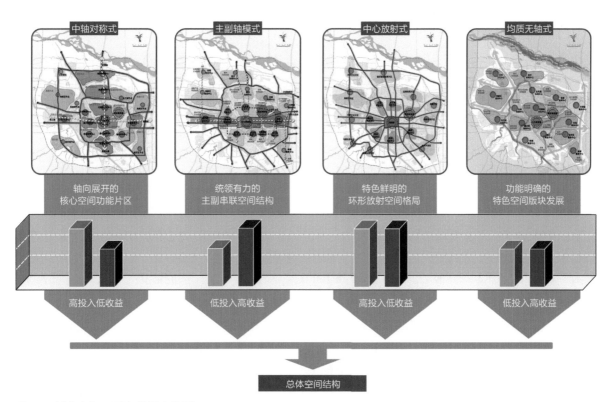

图 12　城市空间原型多情景比较图
Fig.12 Multi-scene comparison map of urban space prototype

3.3 数字化表达

数字化表达指运用全息交互、虚拟现实（VR）等技术方法，多向互动地展现设计成果的表达方式，通常分为静态、动态和交互表达技术。静态表达包含全息图展示、三维建模展示场景渲染展示等；动态表达包含多媒体动画展示、动态结构展示、VR交互展示等。数字化表达通常运用在设计成果展示阶段，展示对象往往是非专业人士，相比于草图勾勒、图纸

文本展示等传统表达方式，运用上述多种数字化表达技术，可清晰直观地表达设计师的意图，亦可最大限度使公众了解城市设计成果，辅助决策判断。如 VR 交互技术运用 360 度全景可视，模拟人眼视角观察设计地块的全景，使人能够最直观地感受地块的内部场景，以期达到身临其境的目的，进而可以在真实场景中进行即时交互的设计修改，使得城市设计优化过程非常直观（图 13）。

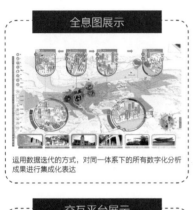

图 13 数字化表达技术的部分类型
Fig.13 Types of digital expression technology

以手机信令 OD 大数据交互平台展示为例，解析数字化表达的工作流程（图 14）。首先，对原始数据进行清洗，处理为能够转移成动态表达的数据模式，一方面针对每位用户，根据其一天 24 小时内的记录，提取用户驻留点；另一方面对每位用户的驻留点，根据时域相邻进行两两组合，生成 OD 对。然后，根据所有用户的 OD 对，生成 OD 矩阵数据。最后，建构后台数据库并打开前端交互可视化系统，即可进行交互动态展示。

交互平台技术是表达设计意图及最终成果的最普适、直观的方法，能帮助非城市规划专业的其他人员在短时间内了解设计师的意图，加深对方案的认识及认同感。如在某城市设计的成果表达阶段，通过直观可视化的交互平台来展示城市人群动态分布的一般规律（图 15）。使用者选取要查看的时段，再点击设计范围内任意街区，可即时查看这个街区在此时段内的人群流入情况；亦可点击左下角流出模式，查看这个街区在此时段内的人群流出状态。这使

原始信令数据格式：

用户 id	时间	基站编号	手机号归属地	记录有效性标志
9fd526	20151109083215	1234	25	1
9fd526	20151109100215	1536	25	1
……	……	……	……	……

1. 驻留点识别：筛选出连续两条记录时间间隔大于某阈值（如 15 分钟）的记录

用户 id	街区	到达该街区的时间	离开该街区的时间
9fd526	1481	20151109085212	20151109093536
9fd526	2191	20151109100232	20151109154208
……	……	……	……

2. 生成 OD 链

用户 id	目的地街区 id	到达目的地时间	出发地街区 id	离开出发地时间
9fd526	2191	20151109100232	1481	20151109093536
9fd526	2502	20151109154208	2191	20151109100232
……	……	……	……	……

图 14　原始信令数据生成 OD 数据
Fig.14　Original signaling data generates OD data

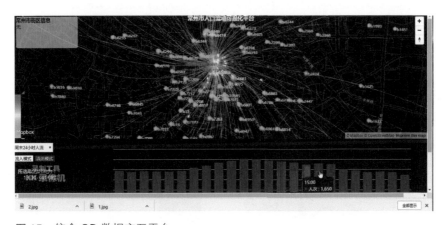

图 15　信令 OD 数据交互平台
Fig.15　Signaling OD data interactive platform

原本复杂的人群活动规律变得简单易懂并具有操作性，决策者可根据自己的需要点击不同的时段、地块来观察人群多动信息，最终获得了完整的感受。

4　全数字化城市设计的实施性工作：报建、管理与监测

全数字化城市设计的实施性工作包含城市设计过程式参与、城市设计数字化监测与管控、城市设计辅助决策、城市设计数字化报建、城市设计空间基础沙盘、城市设计基础大数据可视化、城市设计数字化智能评估等大量纷繁复杂的内容，它们是城市设计成果得以实现的关键。

4.1　数字化报建

数字化报建是指通过城市设计的数字化管理平台，设计单位或其代理机构将城市设计项目向当地规划行政主管部门或其授权机构进行报建的工作方法。通过构建完整的空间形态谱系，将城市设计成果蓝图无损转译为数字化标准和规则，在多尺度空间沙盘基础上，既可以单个设计

方案的数字化审查,也可以多设计方案进行评估比选。数字化报建与一般城市设计管理最大的不同在于,数字化报建是基于网络数字化管理平台的一种报建方式,实现设计数据共享,打破设计成果信息孤岛的问题,增强各部门之间协作沟通,极大提高了报建审批的效率(图16)。

以多尺度空间沙盘技术为例,解析数字化报建的工作流程。该工作的核心是通过城市设计数字化谱系分解,将城市设计三维空间形态建构为多尺度、多精度的城市空间沙盘,与自然山水骨架相叠合,帮助管理者对设计方案的审查。例如在某城市设计的成果报建阶段,将设计成果融入城市空间沙盘,从总体宏观尺度、片区级中观尺度及街道级微观尺度等多个尺度展示设计的核心成果(图17)。总体尺度的城市沙盘是将城市整体建模作为三维底图,叠加结构性要素、边界性要素(水系、行政边界等)以及道路结构,以构成宏观的城市沙盘;片区级空间沙盘是将某个片区数字化建模作为三维底

图,并在上面叠加轴线、廊道、功能分区等系列要素,以构成中观尺度空间沙盘;街道级城市沙盘是将某街道进行数字化建模并作为底图,在上面叠加三维建筑群落组合、特色意图区及空间性要素,以构成微观尺度空间沙盘。通过多尺度城市沙盘的构建,不仅便于城市决策者对方案进行审查及评估,也便于接手后续工作的城市设计单位获取相关数据进行进一步设计。

4.2 数字化管理

数字化管理是指运用城市设计的数字化管理平台,对重点地区的三维空间形态等管控指标进行整体控制,达到精细化管理的目的。通常包含空间形态分区、三维图文导则、高度/强度/密度控制、城市设计数字化审批、地块数字化技术要点等。数字化管理最大的特点在于其管理实施的精确性,运用数据集成将城市设计管控数据形成智能规则群,以精细化的颗粒度保证全尺度空间的三维控制精准度,提高管理效率与质量。如管理单元导则控制分为街

从城市尺度、街区尺度、建筑尺度等不同精细度构建城市设计空间沙盘,便于设计成果报建

图16 数字化报建技术的类型
Fig.16 Types of digital reporting technology

辅助于城市决策者对设计方案的审查、对比及模拟评估

图17 多尺度空间沙盘图
Fig.17 Multi-scale space sand plate chart

区三维形态控制、地下开发控制、景观风貌控制、开敞空间等部分，对街区空间的沿街立面、道路景观、开放空间布局、建筑组团风格、景观视廊等一系列要素提出针对性控制，并与整体天际轮廓线、城市眺望体系、山水视觉廊道、门户节点三维形象、历史文化保护区观望等大尺度空间的要求无缝衔接，弥补了常规城市设计导则在城市空间品质、街道景观、建筑整体风貌方面控制力薄弱的不足（图18）。

以特色意图区划定为例，解析数字化管理的工作流程。其工作分为两步走：第一步是通过空间形态分区对城市进行切分，切分成若干空间单元；第二步是单元特色评估，得到每个地块的城市设计特色指数，基于分数的高低划定特色意图区单元。该方法主要用于城市规划面积较大但是建成度各不相同而需要分级管理的情况。如某城市的城市设计导则编制过程中（图19、图20），发现该城市欠缺空间特色、

空间形态分区

以城市空间不同街区的街区形态、肌理等要素为基准，划定城市的形态分区，对不同分区提出不同的形态控制策略

高度分级阈值控制

以高度作为研究对象对高度划分层级，以此为依据划定城市的高度分区，对不同分区提出不同的建设管控策略

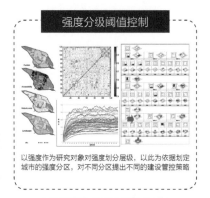

强度分级阈值控制

以强度作为研究对象对强度划分层级，以此为依据划定城市的强度分区，对不同分区提出不同的建设管控策略

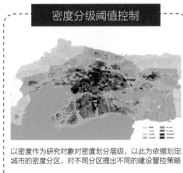

密度分级阈值控制

以密度作为研究对象对密度划分层级，以此为依据划定城市的密度分区，对不同分区提出不同的建设管控策略

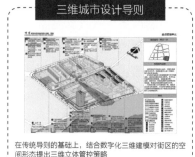

三维城市设计导则

在传统导则的基础上，结合数字化三维建模对街区的空间形态提出三维立体管控策略

特色意图区划定

运用单元赋值评分法，结合城市边界要素、总规控规相关内容以及近期重点规划项目，划定近期管控的重点区域

图 18　数字化管理技术的部分类型
Fig.18　Types of digital management technology

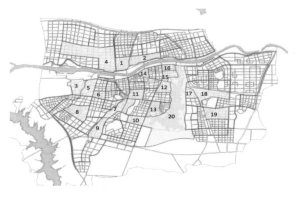

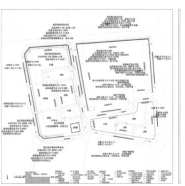

图 19　特色意图区划定为重点管理单元
Fig.19　Demarcating featured areas of intent as a key management unit

图 20　重点管理单元内的城市设计落实
Fig.20　Urban design implementation in key management units

城市设计成果难以满覆盖到整体建成区,因此通过划定特色意图区作为重点管理单元,在城市重点地块首先进行试点示范。基于数字化平台引入特色要素评估、单元赋值和层次分析法,依据该城市"宜居、宜业、宜游"的整体定位和"东方山水园林城市"的空间特色,将总体城市设计中的空间骨架和专项体系的各点、线、面要素在 GIS 中进行落实,构建城市设计要素数据库,将各项要素落实到控规划分的 80 个管理单元中,并对各项要素进行特色评估和赋值,最终得出各个单元的城市设计特色指数,作为特色意图区划定的依据。将该市各区近期重点建设的策略转译为各项特色要素,结合城市设计特色指数共同形成 7 个因子,运用 SPSS 分层次分析特色单元的重要性,最终得出特色意图区的划定结果,进一步升级为重点管理单元全面落实城市设计相关内容。

4.3 数字化监测

数字化监测指运用城市设计数字化管理平台为城市管理部门及社会公众监督管理城市设计实施的一种工作方法。通常包含限制性因素自动审核、公众动态参与及历史性地段分级监测等。对于规划管理部门而言,数字化监测系统能够协助核查城市设计要点,对建设项目进行管控,同时对实施情况进行检测反馈;对于社会公众而言,数字化监测系统是展现城市设计方案的最佳选择,也是众筹收集反馈意见的最佳途径(图 21)。

例如在某历史性地区的城市设计(图 22)

中提出,为达到预防性保护的目标,有效进行历史文化保护的管理和城市设计实施,需要建构针对历史文化要素的动态监测体系。针对该地区文保单位范围大、种类多,破坏因素存在差异,以及保护与开发情况不同等一系列现状问题,提出了对历史文化点分类监测、对破坏因素分区位监测、将监测扩展至更大背景、提出重点监测时段的总体策略目标。在此基础上,在全市部署监测点并将监测点划分为一、二、三级,不同监测等级的监测点的保护价值、文物价值、结构风险、材料风险都存在差异性。同时注重重点地段的监测,使用客户端或无线网络定点技术,选择时间点间隔测定文保单位保护范围内人流量,统计得到人流量分布,并通过 GIS 平台形成"人流热力图",确定游人影响主要时段,在此时段内对人流量进行合理控制。通过该数字化监测方法,不仅提高了历史文化保护区监测的管控质量,更改善了传统监测范围难以全覆盖,监测实施阻碍多、难度大的问题。

5 结语

伴随着信息化技术的不断进步,中国城市设计实践也逐渐呈现出精细化、定量化、集成化等新特征趋势,因此探索全数字化城市设计的理论范式,在城市设计的转型与提升中具有重要的现实意义。本文总结笔者过去十年的规划实践与探索总结,将全数字化城市设计的全流程概括为九个环节,有助于推动数字化技术

辅助规划管理部门,帮助核查城市设计要点,对建设项目进行管控,同时对实施情况进行检测反馈

辅助社会公众,便于公众进一步了解城市设计方案,同时便于收集公众的反馈

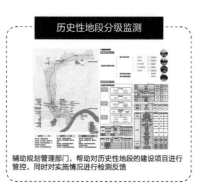
辅助规划管理部门,帮助对历史性地段的建设项目进行管控,同时对实施情况进行检测反馈

图 21 数字化监测技术的类型
Fig.21 Types of digital monitoring technology

在城市设计中的深层运用，包括集数字化采集、调研、集成为一体的基础性工作；集数字化分析、设计、表达为一体的核心性工作；集数字化报建、管理、监测为一体的实施性工作。

应当看到，在城市设计的项目实践中，新的数字化技术正在不断被开发，而对于数字化城市全流程的系统总结以及理论构建还有待完善和提升。本文构建的全数字化城市设计理论范式是步入新时代的中国城市设计总结与探索，为城市设计的创作与判断提升提供了更科学的"理性沙盘"。同时，全数字化城市设计理论范式是基于实践的总结，所提到的技术类型亟待补充与完善，新的数字化工作方式亦值得进一步探索。

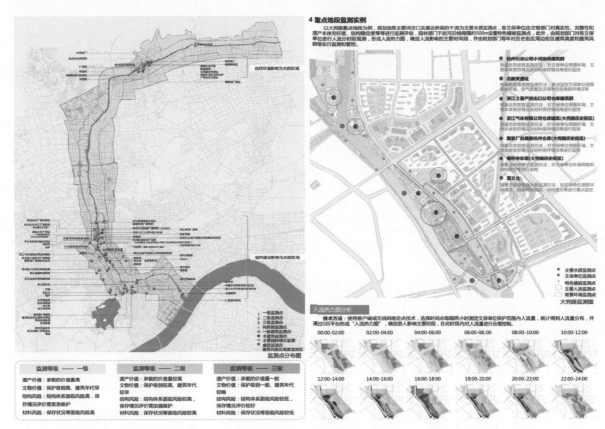

图22　历史性地段分级监测（左）及人群活动热力度监测（右）[8]
Fig.22 Hierarchical monitoring of historical locations (left) and monitoring of crowd activity heat intensity (right)

作者简介：**杨俊宴** 东南大学智慧城市研究院副院长，建筑学院教授，博士生导师。

参考文献

[1] 王建国 . 中国城市设计发展和建筑师的专业地位 [J]. 建筑学报，2016(07): 1-6.

[2] 孙钊，吴志华，熊伟 . 基于三维数字技术的城市设计研究与应用 [J]. 城市规划学刊，2009(z1).

[3] 黄烨勍，孙一民 . 街区适宜尺度的判定特征及量化指标 [J]. 华南理工大学学报（自然科学版），2012, 40(9): 131-138.

[4] 洪成，杨阳 . 基于 GIS 的城市设计工作方法探索 [J]. 国际城市规划，2015, 30(2): 100-106.

[5] 曹哲静，龙瀛 . 数据自适应城市设计的方法与实践——以上海衡复历史街区慢行系统设计为例 [J]. 城市规划学刊，2017, (4).

［6］赵烨，王建国 . 滨水区城市景观的评价与控制——以杭州西湖东岸城市景观规划为例 [J]. 城市规划学刊，2014(4): 80-87.

［7］王建国，杨俊宴 . 平原型城市总体城市设计的理论与方法研究探索——郑州案例 [J]. 城市规划，2017, 41(5): 9-19.

［8］杭州市规划局 . 京杭大运河杭州段两岸城市景观提升工程规划 [R]. 东南大学城市规划设计研究院，2015.

第二章　大数据与空间结构
CHAPTER 2 BIG DATA AND SPATIAL STRUCTURE

基于百度地图热力图的城市空间结构研究
——以上海中心城区为例

Research on Urban Spatial Structure Based on Baidu Heat Map: A Case Study on the Central City of Shanghai

吴志强　叶锺楠

摘　要　在百度地图热力图工具所提供的动态大数据基础上，尝试利用数据的实时优势建立基于空间使用强度的城市空间研究方法。并以上海中心城区为例，对人群的集聚度、集聚位置、人口重心等指标在连续一周中随时间的变化情况进行了考察和分析，发现在工作日时段内上海中心城区的人群集聚在时间上比周末持久而在空间上比周末分散，同时中心城区的人口重心移动在工作日呈现出递时针的周期特征，而在周末则没有明显的规律。研究表明百度地图热力图数据在经过适当的挖掘和处理后能够为城市空间研究提供更为动态的视角和方法。

关键词　百度地图热力图；大数据；上海中心城区；城市空间结构

城市空间结构一直以来都是城市规划的重点研究对象，随着城市空间的规模和复杂程度与日俱增，通过传统的城市研究和调查方法来分析城市空间结构显得既费时又耗力，并且无法提供即时的数据。相比之下，许多被动获取式的大数据由于其低成本、即时、高效等优势，在大规模城市研究方面存在着巨大的应用前景。当前在我国数据储备和开放相对不足的条件下，寻找适宜的大数据工具、设计合理的分析方法来审视和剖析处于快速发展变化中的城市空间结构，是大数据时代背景下我国城市空间研究的现实需求。

1　关于城市空间结构

1.1　城市空间结构

城市空间结构既具有物理属性，又具有社会属性。可以说，从早期城市形成直到近代城市空间理论的起步阶段，关于城市空间结构的研究均偏重于其物理属性，而从 20 世纪 60 年代开始，城市空间结构的研究重点逐渐转向信息化对人类聚居行为、生态环境可能的影响[1]。时至今日，随着城市规模和复杂性的发展，显性的物理特征已经难以反映城市空间的实际运行状态，而隐性的社会属性，包括城市内部人口和经济的实际分布，虽然不能被直观感受到，但更能反映城市空间结构的本质。

1.2　基于人口分布的上海城市空间结构研究

上海作为规模巨大的国际都市，其内部空间和功能的复杂性不言而喻。上海的城市空间结构一直以来受到不同领域学者的关注，从现有的文献来看，大部分均以上海城市的人口分布为基础，对城市空间结构的不同社会属性开展研究和提出建议。

邓悦等通过对上海市人口和商业重心计算，

原载于《城市规划》2016 年第 40 卷第 4 期。

分析了上海城市空间结构的演变并对城市空间发展进行了预测[2]。陈蔚镇等通过上海的空间形态指数测定与人口密度空间分析对溢出效应理论进行实证研究，揭示了上海空间形态变迁的内在作用效应在于郊区化进程与扩散主导型溢出效应的时空耦合[3]。李健等基于上海市人口分布的数据资料，对上海市功能区进行聚类分析，确定了中心城核心区服务业高度集聚区等五类功能区，并对上海大都市空间重构与人口布局优化提出了建议[4]。石巍基于人口分布和密度对上海的多中心结构进行了分析和验证，并在此基础上探索了影响上海城市空间结构演变的因素[5]。

1.3　现有研究的局限

现有的大量基于人口分布的上海空间结构研究在一定程度上反映了人对于空间的使用情况，剖析和描述了城市空间结构的社会特征，对于认识上海庞大而复杂的城市空间起到了显著的帮助。但是，由于此类研究的基础信息多来自于我国的人口普查数据及其衍生数据，因而也存在着一些局限：一是时间上具有静态性，上海是一个 24 小时均处于高速运转中的动态有机体，而人口普查数据则反映的是人在一天中某个时段内相对静态的数据；二是在空间上具有局部性，人口普查数据是捆绑在居住用地上的，无法反映城市中商业、商务、产业等不同功能空间的使用情况。

考虑到上述局限，以传统的人口分布数据为基础，似乎还不足以精确而动态地描述出城市空间结构的本质。城市空间白天和夜晚的人口分布如何变化？写字楼林立的地区是否一定存在密集的商务活动？商业活动的核心是否一定位于商场面积最大的区域？诸如此类的问题都需要依靠更新、更动态的数据来剖析和解答。

2　百度地图热力图

2.1　百度地图热力图简介

百度地图热力图是百度在 2014 年新推出的一款大数据可视化产品。该产品以 LBS 平台手机用户地理位置数据为基础，通过一定的空间表达处理，最终呈现给用户不同程度的人群集聚度，即通过叠加在网络地图上的不同色块来实时描述城市中人群的分布情况（图 1）。该款产品在面世之初便因其能够提供节假日景区拥挤程度，帮助用户出游决策而受到追捧。同时，作为一个基于亿级手机用户地理位置的大数据新应用，百度地图热力图在不同专业领域内的意义和价值也在被持续地挖掘和开发。

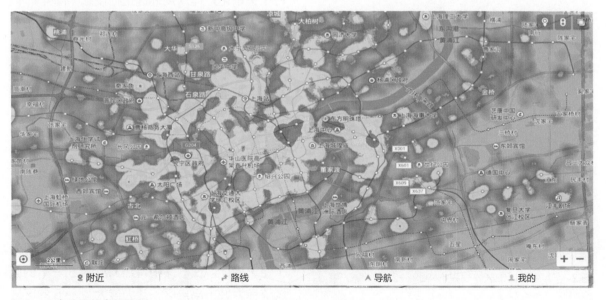

图 1　百度地图热力图界面
Fig.1　Interface of Baidu heat map

2.2 百度地图热力图在城市研究中的作用

对于城市研究和城市规划专业人员而言，百度地图热力图提供了一个观察城市空间的全新视角，它所展示的不同时段内人群在城市各地点的聚集信息在很大程度上反映了城市空间被使用的情况。城市中人口密度最高的是哪些地区？人群是否按照规划者的意愿进行聚集？高密度区域的聚集会持续多久？城市白天和夜晚的人群分布有多大的差异？诸如此类的问题是城市研究者和规划师一直以来热切关注，却又不易弄清的，而这些问题在百度地图热力图这个大数据平台面前却显得前所未有的清晰。因此，本文尝试把百度地图热力图作为分析工具，对其在城市空间结构研究上能够发挥的作用进行一些初步的探索。

3 研究对象与数据选择

3.1 研究范围

将上海中心城区作为研究范围，根据《上海市城市总体规划（1999—2020年）》，上海中心城区的范围为外环线以内地区，是上海市政治、经济、文化中心，城市建设用地控制在 600 km^2。

图2 《上海市城市总体规划（1999—2020年）》中心区结构
Fig.2 Central city structure of *Shanghai Urban Master Plan (1999–2020)*

按照规划，上海中心城区的空间结构特点为"多心、开敞"，并由中央商务区和主要公共活动中心构成中心城公共活动中心（图2）。其中中央商务区由浦东小陆家嘴和浦西外滩组成，规划面积约为 3 km^2。主要公共活动中心是市级中心和市级副中心。市级中心以人民广场为中心，包括南京路、淮海中路、西藏中路、四川北路4条商业街和豫园商城、上海火车站等地区；副中心共有4个，分别是徐家汇、花木、江湾－五角场、真如，用地面积在 1.6 ～ 2.2 km^2。

3.2 数据选择

对2014年5月22—28日连续一周期间的上海中心城区范围内的百度地图热力图数据进行跟踪，并利用自编程序对热力图数据定时截取，截取时间间隔为1小时，总计截取热力图168张，以此作为本研究的重要基础数据（图3）。

3.3 数据转换与赋值

百度地图热力图作为一款面向大众的数据可视化软件，更注重的是直观的数据感受，而并没有在应用中标注不同颜色所代表的人口密度。

本文根据研究需要，对截取的图像数据进行了矢量化处理以及地理坐标投影（图4）。同时，考虑到利用移动数据来代替真实的人口分布数据可能存在一定的误差[6]，尽管百度地图热力图的数据基础为总数过亿的庞大百度移动用户的地理位置，但也仅能够近似地展现人口在地理空间上的分布趋势，而不能替代实际人口密度的真实数据，因此本研究更注重不同时段内不同区域的人口集聚和分布的相对情况。为了数据分析的便利，采用热力度来衡量热力图所反映的密度情况，对不同的色彩区域赋予1 ～ 7的热力度数值，热力度越高代表人口越密集，热力度越低则代表人口越稀疏；同时为了便于描述，在下文中将热力度为6 ～ 7的区域统称为城市高热区，热力度为4 ～ 5的区域统称为城市次热区。

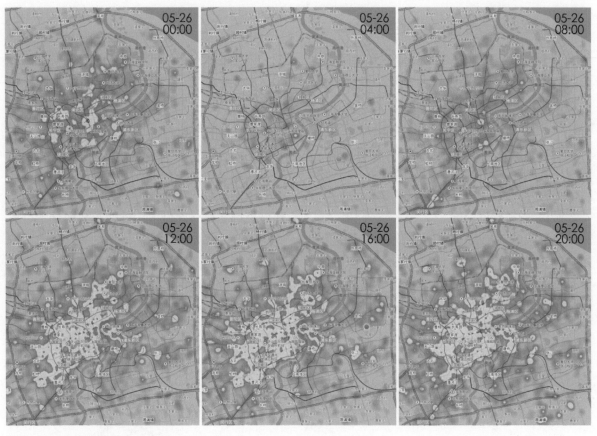

图 3　部分热力图截取（5 月 26 日）
Fig.3　Part of Baidu heat map captured on May 26

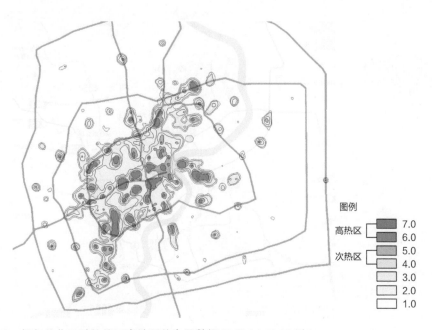

图例

高热区 7.0
6.0
5.0
次热区 4.0
3.0
2.0
1.0

图 4　经矢量化及赋值的百度地图热力图数据 (5 月 24 日 17 时)
Fig.4　Vectorized and value assigned Baidu heat map data (17:00, May 24)

4　城市热力度分布的时空变化

基于对城市内人群活动规律的通常理解，市民的活动很大程度上呈现出以周为单位的周期性变化，同时周末（周六及周日）和工作日（周一至周五）的人群分布具有一定的差异性，现有的基于城市人口分布的研究也论证了这一规律。因此，本文针对工作日和周末时段内百度地图热力图所反映的热力度分别进行了考察。

4.1　周末数据分析

考虑到周六和周日两天的人群作息活动相对接近，这里首先以周六（5月24日）为样本，以当日9点至23点期间每个整点的百度地图热力图数据作为基础开展详细分析。通过

对上述热力图进行矢量化后的数据（图5）进行分析可以发现，各级热力度的区域数量、面积、位置随着一天中时间的推移有着明显的变化。造成这种变化的因素主要有两个：一是移动客户端使用者在城市中移动造成的空间分布变化；二是随着时间的推移，人群中移动客户端使用者比例的变化。一方面，因素一赋予了热力图数据在一定程度上反映城市人口分布特征的能力；另一方面，因素二则说明用热力图数据来推测某一区域人口的绝对数量是不可靠的。因此，正如前文所述，本文关注重点不是如何推测人口分布的精确数据，而是人口在城市不同区位上集中程度的相对比较，并在此视角上对城市的空间结构进行分析。

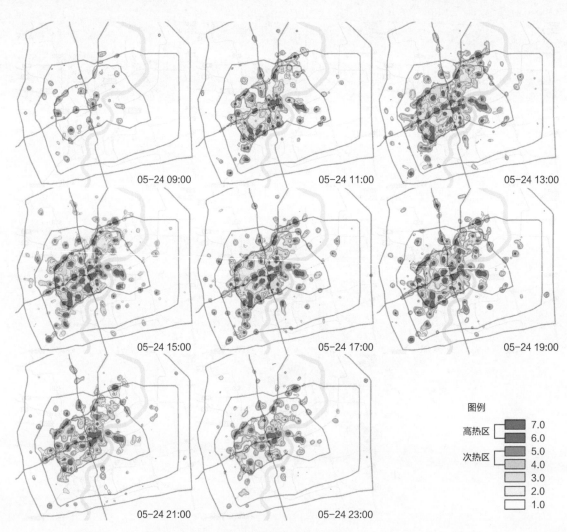

图5　周六（5月24日）经矢量化处理的百度地图热力图数据（部分）
Fig.5　Part of vecterized Baidu heat map data on Saturday, May 24

4.1.1　不同热力度区域面积随时间变化情况

如前文所述，本研究将热力度为 6 ~ 7 的区域统称为城市高热区，热力度为 4 ~ 5 的区域统称为城市次热区。高热区和次热区在一定程度上分别代表了城市内人群高度集中的区域和较为集中的区域，它们的面积越大反映城市人群的集聚度越高，面积越小则说明城市人群的离散度越高。

从图 6 可以看到，在周六（5 月 24 日）9：00—23：00 的时段内，城市高热区和次热区的面积随着时间的变化有着明显的波动，大体呈现早、晚面积小，上午至下午面积较大的趋势，而这两类区域在早上 9：00 的面积均远远小于 23：00 时的面积。对两条曲线分别考察可以发现，城市次热区的面积在 13：00 到达峰值，随后基本维持不变，直至

19：00 之后开始大幅下降，形成一个大约持续 6 小时的面积稳定期，而城市高热区的面积则在 15：00 和 19：00 前后形成两个较为明显的波峰，其中 15：00 为高热区面积在一天中的峰值，而对周日（5 月 25 日）的数据分析结论大致相同（图 7）。

由此可以推测，在周末，人群早上的活动强度远低于晚上的活动强度，城市人群的集聚度自午餐时间之后（13：00）开始走向峰值，一直持续到晚餐时间之后（20：00），意味着周末大部分家庭很可能在家用完午餐后出门向城市商业中心集中，开始周末的各项休闲娱乐活动并在晚餐后陆续回家，城市的大部分重要商业休闲空间在上午时间处于低使用率的状态。可以发现，周日的城市集聚度在 19：00 之后下降速度高于周六，在一定程度上反映出在周

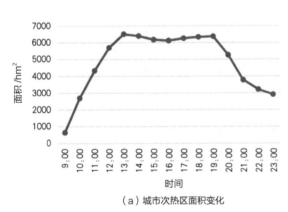

（a）城市次热区面积变化

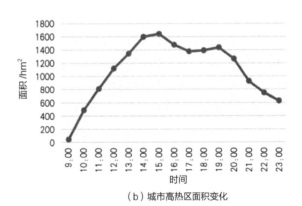

（b）城市高热区面积变化

图 6　周六（5 月 24 日）城市高热区及次热区面积随时间变化情况
Fig.6　Trend of area change of urban extreme heat and sub heat district on Saturday, May 24

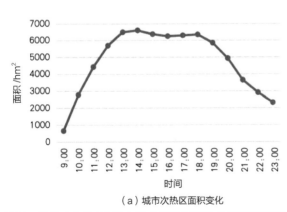

（a）城市次热区面积变化

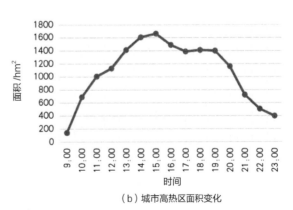

（b）城市高热区面积变化

图 7　周日（5 月 25 日）城市高热区及次热区面积随时间变化情况
Fig.7　Trend of area change of urban extreme heat and sub heat district on Sunday, May 25

日，城市人群结束休闲活动，离开商业区回家的时间要早于周六，这可能是大部分人考虑到第二天即将投入工作，因而选择较早回家休息。

4.1.2 城市高热区的空间分布

城市高热区作为城市中人口密度最高的区域，在一定程度上也是测度城市空间结构中重要节点的一项标准。为了进一步发现人群在城市中分布的空间特征，需要对高热区的地理位置分布进行考察，考虑到百度地图热力图是实时变化的动态数据，故利用 GIS 工具将上海中心城区进行 50 m×50 m 的栅格单元划分，并对每个单元的整日数据进行平均值计算（式1），以此作为分析的数据基础（图8）。

$$\overline{H}_i = \sum H_{ix} / 24 \qquad （1）$$

$\overline{H}_i$：单元 i 的整日平均热力度；H_{ix}：单元 i 在 X 点时刻的热力度；X=1，2，3，…，24；i=1，2，3，…，n。

根据图8，整个中心城区范围内连续高热区共有 8 处，对 8 处高热区分别根据地理位置命名，并按照其面积大小排序，依次为：人民

广场、徐家汇、中山公园、金沙江路地铁站区域、静安寺、五角场、世纪大道和七浦路。

通过考察区域的主要城市功能可以发现，所有上述 8 个高热区均有很强的商业休闲功能，其中 5 处为上一轮总体规划中确定的城市中心或副中心（人民广场、静安寺属于城市中心；徐家汇属于徐家汇副中心；五角场属于江湾 – 五角场副中心；世纪大道属于花木副中心），传统商业氛围浓厚，而另外 3 处高热区所在区域均有较大型的商业设施（金沙江路地铁站：月星环球港；七浦路：七浦路服装批发城；中山公园：龙之梦等）。由此可见，周末上海市中心城区的主要人群集聚活动以购物休闲为目的，商业休闲区是使用强度最高的区域。

此外还可以看到，真如作为上一轮总体规划确定的城市副中心之一，其周末的人群集聚度远低于另外 3 处副中心，这与真如地区商业发展缓慢的现状符合；而金沙江路地铁站区域在数年前并非传统商业地区，反映出月星环球港不仅总体规模庞大，也有效地集聚了人气。

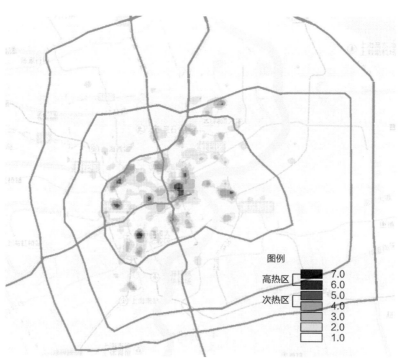

图8　周六（5 月 24 日）整日热力度平均值
Fig.8　Average heat value of Saturday, May 24

4.2 工作日数据分析

相比周末，工作日的人群行为受到工作时间的约束，周一至周五的热力值数据分析结果呈现出更强的相似性，这里以周一（5月26日）的数据为例，分析工作日城市热力值的变化特点。

4.2.1 不同热力度区域面积随时间变化情况

从图9可以发现，周一高热区与次热区的面积在9：00—10：00期间增长很快，其中高热区面积在9：00—10：00间的快速增长尤其显著，反映出人群在上班早高峰时间从居住区向商务办公区和商业区等岗位密集区域的大量集中，同时也反映出在工作日，岗位密集区域所能达到的最高人口密度远高于居住区域。

通过对数据曲线的观察还可以发现，高热区与次热区的面积大约自11：00起达到一天中相对较高阶段，一直持续大约9小时，并在18：00—19：00之间出现一个明显的波峰。由此可以看到，在工作日，受到工作时间的影响，人群集聚度稳定在高水平的时段明显较长，同时，相比通常认为的工作时段（9：00—18：00）而言，高热区和次热区面积达到高水平的时段要滞后2小时左右。可以推测，在工作日，一天中人群集聚度首先随着人群从居住区域向工作区域集中而第一次显著提升，随后又受到休闲消费人群向商业、餐饮、休闲区域集中的影响而第二次提升，在两次集中的重合时段，人群的集聚度达到峰值。此外，上海数量庞大的加班人群也在一定程度上促进了高集聚度时段的滞后。

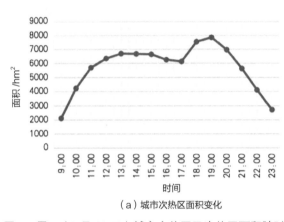
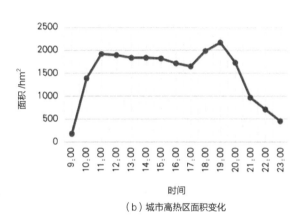

（a）城市次热区面积变化　　　　　（b）城市高热区面积变化

图9　周一（5月26日）城市高热区及次热区面积随时间变化情况
Fig.9　Trend of area change of urban extreme heat and sub heat district on Monday, May 26

4.2.2 城市高热区的空间分布

根据图10，周一整个中心城区范围内连续高热区共有14处，根据面积大小排序依次为：世纪大道、陆家嘴、静安寺、上海火车站、徐家汇、中山公园、虹口足球场、打浦桥、人民广场、南京东路东段、金沙江路地铁站周边、七浦路、上海马戏城、镇坪路地铁站周边。单个连续高热区的面积相对周六明显较小，其中周六时面积较大的人民广场高热区在周一拆分成了人民广场和南京东路东段两处不连续的高热区，金沙江路地铁站高热区拆分成了金沙江路地铁站和中潭路地铁站两个不连续的高热区。

可以看到，在工作日，人群的集聚呈现出相对分散的趋势，集聚的中心更多，但是每处集聚的面积更小，这一特征单从高热区和次热区的面积上是看不到的。从高热区的城市功能来看，一方面商务办公对人群集聚的影响力远远高于周末时间，不少商务功能比重较高的区域在工作日成为高热区（如陆家嘴、上海火车站、虹口足球场等），另一方面传统的商业中心依然是最主要的人群集聚中心（很大程度上是由于传统商业中心的商务功能也很强）。

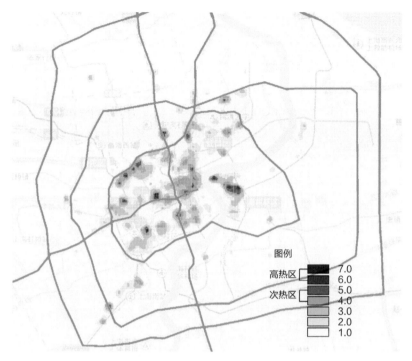

图例
高热区 □ 7.0
       ■ 6.0
       ■ 5.0
次热区 ■ 4.0
       ■ 3.0
       □ 2.0
       □ 1.0

图 10　周一（5 月 26 日）整日热力度平均值
Fig.10　Average heat value of Monday, May 26

4.3　周末与工作日的数据比较

　　通过将上述周末和工作日时间的数据分析结果进行比较可以发现，周末和工作日上海中心城区的人群分布和空间使用具有以下特点。

　　（1）无论是周末还是工作日，城市人群的分布在早上和晚上总是较为均质化，而在白天呈现较高的集聚度。

　　（2）在工作日人群集聚度维持在较高水准的时段要长于周末。

　　（3）周末城市人群集聚的峰值出现在午后（14：00—15：00），而工作日城市人群集聚的峰值出现在晚餐时间（18：00—20：00）。

　　（4）周末期间人群倾向于向少数几个中心高强度集聚，而在工作日人群倾向于向较多中心集聚，但集聚的强度相对较低。

　　（5）周末期间城市商业中心的使用强度远高于其他地区，而在工作日商务中心与商业中心有着大致相同的使用强度。

5　城市人口重心变化分析

　　人口重心的概念于 1874 年由美国学者沃克

（F. Walker）首先提出，旨在借助力学概念来简明、概括地描述某地区人口的分布情况，这一概念在城市研究、地理学等领域被广泛运用，一段时间内的人口重心移动轨迹也常被用来描述某地区人口分布随时间变化的情况。从现有的研究来看，对人口重心轨迹的研究往往基于数年甚至数十年的时段，其周期多与人口普查周期一致，而大数据工具的逐渐成熟使得考察一周甚至一天内的城市人口重心移动情况成为可能。百度地图热力图的数据虽然无法真实反映不同位置人口的实际数量，但是却能够较好地展示人口疏密的空间相对关系，理论上用百度地图热力图数据计算所得的"热力重心"可以近似地替代人口重心。

　　因此，在研究百度地图热力图数据的基础上，借助 GIS 工具，首先对于各个封闭的热力等值区域分别计算重心位置，然后按照各自热力值和面积进行加权计算（式 2），最终得到工作日、周末一天中人口重心的移动轨迹。可以发现几乎所有的时间上海中心城区的人口重心都在内环范围内，但在工作日和周末时的分布特征有着较为明显的区别。

$$X = (\sum H_j X_j S_j)/(1+2+\cdots+7)\sum S_j$$
$$Y = (\sum H_j Y_j S_j)/(1+2+\cdots+7)\sum S_j \qquad (2)$$

X，Y：某时刻中心城区人口重心的坐标值；H_j：第 j 处封闭热力等值区域的热力值；S_j：第 j 处封闭热力等值区域的面积；X_j，Y_j：第 j 处封闭热力等值区域的重心坐标；$j=1$，2，3，…，n。

5.1 工作日数据分析

从图 11 可以看到，周一（5 月 26 日）早上 9：00 上海中心城区的人口重心大致位于南京西路地铁站附近，并随着时间的推移有向西移动的趋势，到 17：00 时，人口重心到达一

天中的最西点，大致位于南京西路与延安西路交叉口北侧，而在 17：00 之后，人口重心又开始逐步向东移动，到 23：00 时到达上海展览中心附近，与早上 9：00 时的人口重心位置十分接近，整日的人口重心移动较为规律，大致沿逆时针方向呈环形移动。

5.2 周末数据分析

从图 12 可以看到，周六早上 9：00 时，上海中心城区的人口重心大致位于江宁路新闸路交叉口，与工作日早上 9：00 的人口重心位置十分接近，从整日的人口重心移动来看，没有明显的规律，但总体呈现先向东移动，再向西移动的趋势，21：00 时人口重心位置到达市政府大楼附近，为一天中的最东点。

图 11　周一（5 月 26 日）整日人口重心移动轨迹
Fig.11 Moving trajectory of population center on Monday, May 26

图 12　周六（5 月 24 日）整日人口重心移动轨迹
Fig.12 Moving trajectory of population center on Saturday, May 24

5.3 工作日与周末的数据比较

将工作日与周末的人口重心移动情况进行比较，可以发现，无论是工作日还是周末，早上和晚上的人口重心位置都是比较接近的，均位于南京西路地铁站周边 1 km 的范围内，由于早上和晚上大部分人在家中，因此这个范围大致代表了大部分人群在居住区时上海中心城区的人口重心范围。随着一天中时间的推移，可以发现工作日人口重心从这个范围开始向西移动，而周末时则正好相反，呈现向东移动的特点，由此可以推测，上海中心城区就业岗位的分布重心比居住区分布重心更偏西一些，而商业休闲设施的分布重心则更偏东一些。此外，工作日的人口重心移动规律明显，轨迹清晰，而周末的人口重心移动趋势则要模糊得多，这反映了在工作日受到工作日程安排的影响，人群整体活动呈现出更多的规律性，而周末人群活动的差异性和随机性较强。

6 结语与展望

大数据时代的到来，使得城市研究及城市规划和其他许多领域一样，受到前所未有的影响和冲击，这一方面是对传统研究和规划手段的挑战，另一方面也是学科发展和进步的巨大动力。百度地图热力图所代表的基于地理位置的大数据为城市研究者提供了前所未有的全新视角，使得人们能够用细分到小时甚至分钟的动态视角看到城市中的人群活动和城市空间被使用的情况。在这一视角下人们可以看到上海中心城区的人群集聚度、离散度以及人群集聚的位置在一周、一天甚至更短的周期内如何变化，不同位置、不同功能的城市空间在什么时候的使用强度最高等。这些信息对于理解城市空间的运作以及对城市空间进行布局都将是十分有帮助的。

本文作为一次运用大数据进行城市分析的尝试和探索，尽管在研究方法和对大数据的处理上尚有诸多不成熟之处，却在一定程度上使城市研究和城市规划工作者看到了基于地理位置的大数据带来的前所未有的海量、动态信息，且类似的信息随着大数据技术的发展和专业人员的挖掘，势必将在城市研究和城市规划领域发挥越来越大的作用。

作者简介：**吴志强**　中国工程院院士，同济大学副校长、教授；

　　　　　叶锺楠　华东建筑设计研究总院城市规划院副院长、高级工程师。

参考文献

[1] 吴启焰，朱喜钢. 城市空间结构研究的回顾与展望 [J]. 地理学与国土研究，2001(2):46-50.

[2] 邓悦，王铮，熊云波，等. 上海市城市空间结构演变及预测 [J]. 华东师范大学学报：自然科学版，2002(2):67-72.

[3] 陈蔚镇，郑炜. 城市空间形态演化中的一种效应分析——以上海为例 [J]. 城市规划，2005(3): 15-21.

[4] 李健，宁越敏. 1990 年代以来上海人口空间变动与城市空间结构重构 [J]. 城市规划学刊，2007(2):20-24.

[5] 石巍. 多中心视角下的上海城市空间结构研究 [D]. 上海：华东师范大学，2012.

[6] KANG Chaogui, LIU Yu, MA Xiujun. Towards Estimating Urban Population Distributions from Mobile Call Data[J]. Journal of Urban Technology，2012(4):3-21.

[7] BECHER R, CACERES R, HANSON K. A Tale of One City: Using Cellular Network Data for Urban Planning[J]. Pervasive Computing，2011(4):18-26.

[8] 房艳刚，刘鸽，刘继生. 城市空间结构的复杂性研究进展 [J]. 地理科学，2005(6):754-761.

[9] 王颖，孙斌栋，乔森，等. 中国特大城市的多中心空间战略——以上海市为例 [J]. 城市规划学刊，2012(2):17-23.

[10] SHOVAL N. Tracking Technologies and Urban Analysis[J]. Cities，2008(1):21-28.

[11] GAO Song, LIU Yu, WANG Xiaoli. Discovering Spatial Interaction Communities from Mobile Phone Data[J]. Transactions in GIS，2013，17(3):463-481.

上海大都市地区空间结构优化的政策路径探析
——基于人口分布情景的分析方法 *

Analysis on the Policy Path of Spatial Structure Optimizing in the Shanghai Metropolitan Region: A Scenario-Based Study on Population Distribution

张尚武　晏龙旭　王德　刘振宇　陈烨

摘　要　通过分析人口分布和城市空间结构以及城市空间政策之间的关系，从人口分布视角探讨大都市地区空间结构优化的路径。人口持续向中心城和边缘地区集聚，新城发展缓慢，是上海上一轮总体规划实施以来表现出的突出矛盾。面对人口进一步增长趋势，如何有效促进新城发展、缓解中心城增长压力，是"上海2040"空间战略研究迫切需要关注的重要课题。围绕人口分布优化的空间政策研究是上海空间结构调整的关键，通过模拟"上海2040"边缘承载、廊道承载和新城承载三种人口分布情景，分析产业结构和布局调整、轨道交通建设、住房供给和公共服务设施配置等空间政策的适应性，并从构建人口分布的目标导向、时间维度的行动框架、差异化的分区引导、空间政策聚焦与协同、阶段评估与动态应对五个方面，探讨上海城市空间结构优化的思路。

关键词　城市空间结构；人口分布；城市空间政策；上海大都市地区；城市总体规划；情景分析

　　大都市地区在城镇化快速发展阶段的空间增长问题一直备受关注，引导人口有序分布是国内外许多城市优化空间结构的重要目标，在外围地区规划建设新城缓解中心城人口压力，往往成为大都市地区空间规划采取的主要手段。疏解中心城压力、促进新城发展始终是上海大都市地区空间规划的重要思路。《上海市城市总体规划（1999—2020年）》提出中心城由当时的900万人疏解至800万人，同时外围地区建设11个新城，每个新城20万~30万人。"十一五"期间调整为9个新城，总人口规模约540万人，其中重点建设嘉定、松江、临港3个新城，每个80万~

100万人。"十二五"规划进一步提出发展7大新城的设想。新城设定的规模目标不断扩大，反映出更加强烈的通过发展新城促进人口疏解的意图。

　　但实际发展与规划预期存在较大偏差。2000—2010年上海市常住人口由1 658万人增长至2 302万人，增长了644万人，其中规划新城范围内人口仅增长102万人，约为全市人口增量的1/6。而中心城和中心城周边地区人口分别增长了151万人和192万人。目前，中心城约670 km² 范围内人口已超过1 200万人，相比1999版总体规划提出的中心城控制目标突破了400万人。中心城集聚和蔓延态势

* "十二五"国家科技支撑计划课题"城镇群高密度空间效能优化关键技术研究"（课题编号2012BAJ15B03）资助。原载于《城市规划学刊》2015年第6期。

不断加剧，新城发展相对滞缓，已成为上海城市结构优化的重大挑战。

在启动编制上海新一轮总体规划（2015—2040年）时，明确了两个重要目标，一是要建成更具全球资源配置能力、竞争力和影响力的全球城市；二是以土地利用规划确定的2020年建设用地规模（3 226 km²）作为上限目标，锁定总量并逐步缩减，倒逼城市增长模式转变。在人口进一步增长和大都市地区空间结构面临结构性调整双重挑战下，从人口分布视角研究城市空间结构优化的政策路径是一项重要课题。

1 研究思路与方法

人口规模和分布是影响城市空间结构的关键因素。上海人口发展一直受到很多关注，包括对人口规模和人口结构的研究（王桂新，2008）；从人口分布趋势和导向开展的研究（彭震伟 等，2002；汤志平 等，2003；李健 等，2007）；侧重从政策角度的研究，如新城发展政策（顾竹屹 等，2014），人口调控政策（王德 等，2015）等。

在上海新一轮总体规划编制研究的背景下，人口和城市空间结构再次成为研究的热点。上海市发改委、规土局分别组织了面向未来30年及"上海2040"相关战略议题的系列研究（本刊编辑部，2014），并同时探索总体规划方法的创新（徐毅松 等，2009）。

在同济大学课题组承担的"上海空间战略专题研究"的两个子课题"上海市2040空间发展战略研究"和"资源约束条件下的城市规模多情景预测与应对策略研究"的基础上（同济大学，2014），笔者试图在人口分布、城市结构和空间政策之间建立关联，并运用情景分析的方法，动态应对发展的不确定性，探讨相应的空间政策体系。

1.1 建立城市人口分布、空间结构与空间政策的关联

城市空间结构是一个跨学科的领域，和社会过程的相互关系的研究构成了城市研究的重要方面，西方城市结构研究形成了比较清晰的学派和领域演进（唐子来，1997；冯健，2005）。国内的相关研究在地理学界形成很多研究成果（周春山，2013）。上海城市空间结构也一直受到地理学、社会学和人口学界的关注（郑凯迪，2012；左学金，2006；王桂新，2008）。城市空间结构研究表现为从物质属性到社会属性、从个体选址行为到社会结构体系的发展过程。城市规划作为一种空间政策，致力于运用这些内在的城市结构理论，对城市空间形态发挥引导作用。

城市空间结构与很多因素相关，并且在不断发展变化，既有空间维度也有时间维度。Wegener（1986）[1]依照发展变化时间因素将影响城市空间结构的要素进行分类，其中人口移动和货物的流通是变化最快的，人口和就业是中间速度的，而居住地和工作地是变化较慢的，城市土地使用和网络是最慢、最稳定的（图1），可以理解为人口的增长和分布是城市空间结构变化的先导因素。

城市人口分布与一系列的空间发展政策相关，很多政策的制订也直接影响到人口分布的

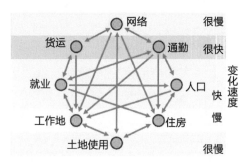

图1 城市空间结构变化的影响因素
Fig.1 The influence factors of urban spatial structure change
图片来源：根据David Simmonds(2013)整理。

---

①引自SIMMONDS D, WADDELL P, WEGENER M. Equilibrium versus dynamics in urban modelling[J]. Environment and Planning B, 2013, 40: 1054。

变化趋势。从上海面对的新一轮发展环境和要求来看，资源紧约束下的空间结构调整，既要积极应对人口增长带来的承载压力，也要努力实现空间结构优化的目标，因此一是需要从人口分布角度研究空间结构优化的发展导向；二是需要从影响人口分布的政策因素出发，研究空间结构优化的调控手段；三是需要关注发展的不确定性和动态应对的策略。人口分布最终发展是市场的选择，控制中心城区规模不是规划的主观意向就能够实现的结果。规划必须考虑这种不确定性，研究在市场环境中实现调控的手段和策略。

1.2 情景分析方法和研究框架

情景分析方法是空间政策研究的重要工具，通过对问题的辨析、重要因素的考量，界定、模拟具有结构性差异的未来情景，来检验和评估既有战略，或提出新的战略与行动计划。从国外应用的案例来看，一般从"可能的未来"和"期望的未来"出发，通过对不同情景的影响和干预方式的比较，确立相应的改善策略和政策议程。情景分析方法在20世纪70年代开始就在城市发展模型分析中有广泛的应用（Shearer，2005），最近较为典型的应用案例如大瓦萨奇（盐湖城大都市区）2020（Fregonese Calthorpe Associates，2000）、芝加哥2040（CMAP，2008）、欧洲2050（ESPON，2014）、欧洲国土2050（Kupiszewska，2014）、法国2040（DATAR，2011）等。

情景分析方法在预测未来人口空间分布方面在国内一些大都市地区也有应用，如北京人口分布规模的情境分析（岳天祥 等，2008）和对京津冀走廊地区人口空间增长趋势进行的集聚和扩散情景分析，对人口总量和密度分布进行模拟（于涛方，2012）。

城市空间结构的未来发展具有不确定性，情景分析的方法有助于分析不同的可能性，情景分析对应于情景创造者（scenario creators）和情景使用者（scenario users），人口和经济活动的选择促成了不同的情景模式，

表1 上海市2010年常住人口、就业人口和2008年就业岗位分布
Table 1 The distribution of the residential population and employment population(2010) and jobs(2008)

地区	常住人口（万人）	比重（%）	常住就业人口（万人）	比重（%）	就业岗位（万人）	比重（%）
内环内	344.5	15.00	149.5	12.90	260.0	24.6
内外环间	793.2	34.50	358.5	31.00	260.5	24.7
近郊区	415.3	18.04	224.2	19.36	160.7	15.2
嘉定新城	48.5	2.10	29.5	2.50	29.5	2.8
松江新城	44.4	1.90	21.7	1.90	31.7	3.0
青浦新城	24.7	1.10	13.0	1.10	11.3	1.1
南桥新城	31.6	1.40	18.5	1.60	16.0	1.5
金山新城	21.4	0.90	11.1	1.00	12.8	1.2
临港新城	23.7	1.00	11.0	0.90	6.2	0.6
城桥新城	10.2	0.40	4.5	0.40	3.7	0.4
其他地区	544.4	23.70	316.8	27.40	263.2	24.9

资料来源：根据上海市第六次全国人口普查（简称"六普"）与第二次经济普查数据统计。

注：宝山新城、闵行新城与中心城区之间的空间已经呈现连绵态势，因此这两个新城纳入了近郊区的范围。

上海大都市地区空间结构优化的政策路径探析——基于人口分布情景的分析方法

Analysis on the Policy Path of Spatial Structure Optimizing in the Shanghai Metropolitan Region: A Scenario-Based Study on Population Distribution

规划政策是不同情景模式分析的使用者，情景分析能够建立联系两者的桥梁。借鉴国内外经验，尝试采用情景分析方法，通过构建上海市2040年人口分布的不同情景，将趋势外推与目标导向的回溯式方法结合，在对现状基本问题进行判断的基础上，从未来不同情景反馈到当前，评估相关政策的适应性，探讨从时间、空间维度出发上海优化人口布局和空间结构的政策取向。

文中未对人口规模本身进行讨论，主要采用了上海空间发展战略专题报告"资源紧约束条件下的城市规模（人口与建设用地）多情景预测与应对策略研究"的研究结论（王德 等，2015），即2040年基准人口规模为3 200万人，作为人口分布情景分析的参考规模。

2 上海大都市地区人口增长态势与2040年人口分布情景

2.1 人口增长态势及分布特点

上海市域现状人口分布呈现较明显的边缘集聚、圈层增长的特征。从各区域常住人口增量占人口总增量的比重来看，近郊区是占比重最多的区域，其次为内环、外环之间的区域（表1）。2000—2010年内环以内地区的人口比重下降了7.9%，内环、外环之间区域的人口比重下降了2.2%，近郊区人口比重增长了6.3%。对照《上海市城市总体规划（1999—2020年）》中提出的新城发展目标，其规模实现程度也基本呈现圈层递减的趋势。嘉定、松江、南桥、青浦比重略有增加，金山、临港、城桥新城比重有所下降（图2）。

图例
人口密度（2010年）
7 ~ 1 000
1 001 ~ 2 000
2 001 ~ 3 000
3 001 ~ 4 000
4 001 ~ 5 000
5 001 ~ 10 000
10 001 ~ 20 000
20 001 ~ 50 000
50 001 ~ 100 000
100 001 ~ 119 585

图2 2010年上海市人口分布现状图
Fig.2 Status chart of the population distribution of Metropolitan Shanghai, 2010
图片来源：根据六普数据绘制。

从就业分布特点来看，具有中心服务化和外围工业化的特点。服务业就业分布大部分集中于内环以内的区域，呈现较强烈的向心集聚的态势。制造业就业主要分布于郊区，并呈现高度分散的特点。大量的外来人口分布在农村居民点建设用地中，这部分人口约占到全部外来人口的44%。

中心城边缘地带成为发展矛盾最突出地区，主要表现在：人口、用地快速增长加剧了城市蔓延趋势；就业岗位比重较低，是常住人口比重与就业人口比重偏差最大的区域，形成全市范围内通勤量发生最大的环形地带；公共服务设施配置缺口大，覆盖水平明显低于中心城区，也落后于外围郊区；外环周边地区轨道交通服务能力明显滞后于人口集聚速度，轨道交通覆盖水平仅为中心城的1/4左右（图3）。

2.2 影响人口分布的因素分析

将2000—2010年上海人口密度变化与相关因子进行偏相关分析[②]，用来识别影响人口分布的政策因素。共选择20个因子，在六普普查区单元上进行标准化处理。这些因子包括：各单元内公共服务的综合水平（综合为生活圈得分）、单元内各大类用地的比例、单元内就业率及各行业就业比重、单元内各类公共服务设

图3　2000—2010年上海人口密度变化
Fig.3　The population density change of Metropolitan Shanghai from 2000–2010
图片来源：根据第五和第六次全国人口普查数据绘制。

图例
2000—2010年人口密度变化
（人/km²）
■ 高：24767.4
■ 低：–26515.8

---

②由于2000年人口密度的初始分布对后来人口密度变化影响很大，原来人口密度较高的中心地区，后来都有所降低，因此采用偏相关分析，将2000年人口密度设为控制变量。

上海大都市地区空间结构优化的政策路径探析——基于人口分布情景的分析方法

Analysis on the Policy Path of Spatial Structure Optimizing in the Shanghai Metropolitan Region: A Scenario–Based Study on Population Distribution

施用地的比例、路网密度、轨道交通1km覆盖率和空间句法计算的路网可达性（整合度平均值）等。

分析结果表明，人口分布主要受居住用地、公共服务设施、轨道交通的影响。而在就业方面，生产性服务业就业相对于生活性服务业更依赖集聚效应，分析中也显示前者与人口密度变化更相关。制造业对人口密度的影响较低，对人口的影响主要在面域规模上。

分析结果与经验判断较为一致，由此得出笔者重点研究政策因素是产业布局、住房供给、公共服务设施配置、轨道交通建设等四个方面（表2）。

表2 人口分布密度变化与主要因子的偏相关分析结果
Table 2 The results of partial correlation analysis of population distribution density and main factors

主要因子	皮尔逊偏相关系数（显著性）
生活圈综合得分	0.368*
路网密度	0.008
轨交覆盖率	0.316**
平均路网整合度	−0.021
二产就业比重	−0.08
一般商业就业比重	0.116
生产性服务业就业比重	0.331**
生活性服务业就业比重	0.195
公共管理就业比重	0.147
R类用地比重	0.582**
C类用地比重	−0.052
商业用地比重	−0.081
制造业用地比重	−0.129
公共管理用地比重	−0.094
就业率	0.179

注：* $P < 0.05$，** $P < 0.01$。

2.3 上海2040年人口分布的三种情景

城市空间扩展方式最普遍的是圈层式扩展，表现为在城市建成区的周边蔓延式发展，这一发展方式是最直接和成本最低的渐进式增长，在城市发展初期这种发展方式具有优势，但对特大城市和大城市地区，这种发展方式带来的问题也十分突出，在规划上，会采取发展新城或向重点地区引导的方式，形成多中心的结构。因此，确定三种人口重点承载地区的结构模式：边缘承载、廊道承载和新城承载。

2.3.1 情景一：边缘承载

边缘承载是趋势外推下的人口分布情景。以现状政策因素加权叠加作为该情景下人口分布依据进行线性分配，同时设定2万人/km²为密度上限③。模拟结果显示，近郊地区人口继续大幅增长，将达到六普的230%；内外环之间也将增长超过100万人，是六普的115%；七个新城共新增人口90万人，是六普的144%（图4）。这一情景与现状态势较为相符，人口继续在中心城边缘集聚。对应到空间上，近郊区空间蔓延趋势会进一步加剧，由于大量人口的导入，将造成通勤需求、就业岗位、公共服务需求及用地结构调整的压力巨大。

2.3.2 情景二：新城承载

新城承载模式是以规划目标为导向的人口分布情景。按照目前各新城规划提出的规划人口目标（2020年），总规模约478万人。《上海市城市总体规划（1999—2020）实施评估》报告认为市域总规模将达到3 000万人，并提出了712万人的新城人口引导目标。考虑到郊区除了新城之外的地区人口的进一步集聚，新城情景分布人口设定为900万人。人口分布模拟综合考虑各新城规模的实现情况，松江、青浦、嘉定新城将承载较高的人口规模，成长为150万～200万人的组合城区，南桥、临港、

③人口分配方法是：$P_i = P_{i0} + \Delta P \times A_i / \sum A$。其中 P_{i0} 是普查区i现状常住人口（郊区农村地区为户籍人口），ΔP 为需要分配的总人口，A_i 普查区i的综合权重值，$\sum A$ 是所有普查区的权重和。如果i普查区的人口密度达到了2万人/km²，超出的人口将以同样的比例分配法分配到其他单元。

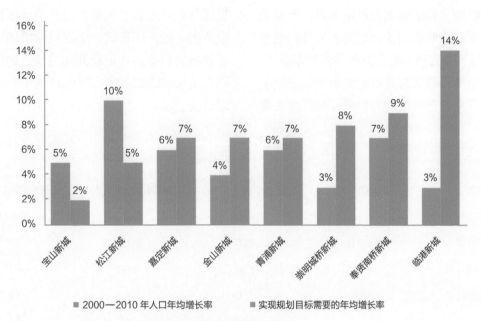

图 4　上海郊区新城人口实际增长趋势与规划目标的差距
Fig.4　The actual population growth and the planning forecast for the new towns in Shanghai

（图例：■ 2000—2010 年人口年均增长率　■ 实现规划目标需要的年均增长率）

金山新城承载次一级的人口规模，达到约 70 万人。城桥新城人口规模与 2020 年规划目标基本一致。中心城和近郊区人口略有增长。

2.3.3　情景三：廊道承载

廊道结构是大都市地区引导人口疏解的又一重要途径，沿轨道交通向外轴向拓展，也是国外许多大都市地区规划倡导的发展模式。上海 1999 版总体规划提出的空间布局结构包括"沿海发展轴、沪宁、沪杭发展轴"组成的"多轴"结构。在廊道承载情景下，新增人口重点集聚到沪宁、沪杭、沪青平、临港方向的四条廊道。

结合趋势外推模拟结果和新城情景目标，人口分布在情景一基础上实现部分疏解，假定浦西廊道对应的三个新城人口引导目标实现 2/3，其余新城人口引导目标实现 1/2，廊道地区人口分布同样以情景一的加权结果为依据。人口分布结果为七个新城的总人口约 760 万人，其中廊道地区（中心城和新城之外）承载了 480 万人口增量，对应的新城承载 450 万人，廊道以外的其他三个新城以及郊区其他地区共承载约 270 万人。

3　三种人口分布情景的空间政策适应性评估

从现状趋势和规划导向出发，将 2040 年上海市域人口分布假设为三种人口情景，即边缘承载、新城承载和廊道承载，模拟不同人口分布情景的可能结果（表 3、图 5），并从产业结构与布局调整、轨道交通建设、住房供应区位与规模及公共服务配置四个方面探讨空间政策的适应性。

3.1　产业结构与布局调整的适应性

从上海最近 10 多年的产业和就业分布发展特点看，服务业的向心集聚和制造业的高度分散态势，既与产业结构的阶段特征和产业分布的市场规律相关，也与政府主导的发展模式相关。自 20 世纪 90 年代中期开始上海即开始推动"退二进三"的布局调整，并提出"繁华看市区、实力看郊区"发展导向。2000 年以后提出"双轮驱动"，加快促进了郊区制造业和中心城服务业的发展，尽管也推动现代服务业向郊区的集聚，但实际效果并不显著。而自"十一五"中后期以来，由于受到国际、国内经

上海大都市地区空间结构优化的政策路径探析
——基于人口分布情景的分析方法

Analysis on the Policy Path of Spatial Structure Optimizing in the Shanghai Metropolitan Region: A Scenario-Based Study on Population Distribution

济环境的影响，制造业比重开始下降，产业结构的服务化趋势明显加快，对此上海开始推进以工业用地转型为重点的产业布局调整思路。

在三个情景与就业分布的关系中，边缘承载与现状产业分布特征较为相符，服务业主要集聚在内环是吸引大量人口在边缘区集聚的重要原因。若人口在这一地区继续增加，则必须加快扭转目前边缘带就业岗位缺乏的局面，否则大量通勤人口的向心交通将使中心城更加不堪重负。

表3　三种人口分布情景模拟结果
Table 3　The simulation results of the three population distribution scenarios

地区	边缘承载（万人）	新城承载（万人）	廊道承载（万人）	六普常住人口（万人）
内环内	341.5	350	343.5	344.5
内外环间	909.2	850	878.5	793.2
近郊区	967.4	550	798	415.3
嘉定新城	68.5	250	150	48.5
松江新城	64.4	300	215	44.4
青浦新城	34.7	200	145	24.7
南桥新城	49.2	150	90	31.6
金山新城	31.4	100	60	21.4
临港新城	31.0	100	85	23.7
城桥新城	15.3	20	15	10.2
其他地区	687.4	330	420	544.4
七大新城	294.5	1 120	760	204.5
全市	3 200	3 200	3 200	2 301.9

新城承载情景与目前的产业发展存在结构性矛盾。按照对产业分布趋势外推的模拟，要实现新城承载情景，新城需要增加约300万个服务业岗位，是现状的8～9倍，并且除城桥新城外的其他六个新城将会有5.2%～7.4%的向心通勤交通。廊道承载具有一定的有利条件，目前的人口和就业岗位集聚规模均超过七大新城，但也存在就业岗位比重低于人口比重的现象。

从趋势看，以就业拉动新城人口集聚，尤其是服务业就业岗位增长将是促进新城发展的重要因素。是否能够突破服务业向心集聚的格局，将是新城发展的关键。由此可以得出一个基本判断，即人口布局优化需要与上海城市产业结构和布局调整相适应。短期内希望加快推进新城大规模人口集聚意愿，将超越现有产业结构和分布的支撑基础，加剧职住失衡、长距离通勤的矛盾，受到就业者对通勤时间增加忍受程度的约束，将加剧住房空置现象。边缘承载具有一定的现实基础，新城承载和廊道承载情景则需要加强规划引导，促进就业向边缘带和廊道地区的外溢。

3.2　轨道交通建设的适应性

上海轨道建设长度已超过500 km，"十一五"是历史最高峰，年均建设量超过60 km。基本形成网络加放射线的形态，但线网密度和形态分布不均衡。在现有轨道交通服务半径1 km范围内，内环服务人口占总人口的

图例
边缘情景
0 ~ 1 000
1 001 ~ 2 000
2 001 ~ 3 000
3 001 ~ 4 000
4 001 ~ 5 000
5 001 ~ 10 000
10 001 ~ 20 000
20 001 ~ 50 000
50 001 ~ 100 000
100 001 ~ 305 443

情景一：边缘承载

图例
新城情景
21 ~ 1 000
1 001 ~ 2 000
2 001 ~ 3 000
3 001 ~ 4 000
4 001 ~ 5 000
5 001 ~ 10 000
10 001 ~ 20 000
20 001 ~ 50 000
50 001 ~ 100 000
100 001 ~ 283 344

情景二：新城承载

图例
廊道情景
7 ~ 1 000
1 001 ~ 2 000
2 001 ~ 3 000
3 001 ~ 4 000
4 001 ~ 5 000
5 001 ~ 10 000
10 001 ~ 20 000
20 001 ~ 50 000
50 001 ~ 100 000
100 001 ~ 128 289

情景三：廊道承载

图 5　三种人口分布情景模拟结果
Fig.5　The simulation results of three population distribution scenarios

上海大都市地区空间结构优化的政策路径探析
——基于人口分布情景的分析方法

Analysis on the Policy Path of Spatial Structure Optimizing in the Shanghai Metropolitan Region: A Scenario-Based Study on Population Distribution

83.5%，内环、外环之间的服务人口占总人口的47.7%，外环周边的服务人口占总人口的14.7%，远郊地区轨交服务人口占总人口的4.4%。由于外环周边人口集聚快，已成为向心通勤压力最大的地区。

尽管边缘承载情景与现状就业分布的关系存在一定的合理性，但人口进一步集聚，而没有增加边缘地区有效的就业供给，向心通勤压力会更加严峻，造成的中心城及近郊区轨道交通拥挤程度可能是现状的3～4倍。新城承载情景同样若没有与郊区产业结构和布局调整同步和职住平衡的改善，四个廊道地区轨道交通线路的需求都将是现状交通量的3倍以上。相比而言，廊道承载情景具有一定优势，但同样是需要增加沿线地区的就业供给，并且需要加快放射型廊道建设，适应运量增加2～4倍的需求。对比已有的轨道交通建设设想，无论选线方向还是线网密度，适应远期发展的建设方案都需要做相应的调整。

3.3 住房供给区位与规模的适应性

住房供给区位和规模与人口分布意图都存在一定的错位。1997—2011年城镇新增住房用地173 km²，其中近郊地区、郊区（新城以外）占了72%，新城仅占17%。2010年全市住宅用地中，42%集中在中心城，23%分布在外环周边，新城占14%，郊区新城以外的其他地区占21%。已经规划的两批31个大型居住区，呈环状分散于郊区，只有7个位于七大新城内。其中第一批8个大型居住区全部位于近郊地区，强化了近郊区人口吸引力。

住房供给区位和规模是影响人口分布最直接的因素，但开发过程缺乏较明确的目标取向，并未对人口向新城集聚起到积极的推动作用。大规模居住开发的功能较为单一，缺乏就业支撑，尽管在外围地区考虑了与规划轨道交通的关系，但外围地区轨道交通发展相对滞后，造成新的通勤交通矛盾。

3.4 公共服务配置的适应性

市域现状公共服务水平存在明显的区域差异。对所有公共设施类型的人均用地面积进行比较发现，近郊区（外环周边）的公共设施配置水平较其他地区低，尤其是教育、文化与医疗设施配置水平最低，商业与公共绿地的人均面积也较其他区域低。中心城集中了大多数优质公共服务设施，例如大型体育场馆、主要的三甲医院、基础教育、示范性幼儿园等。从人均公共服务设施用地上看，近郊区在文化娱乐、体育、医疗卫生三个方面明显低于其他地区。从社区级文化、体育、医疗设施覆盖水平上看，近郊区和新城明显低于中心城。由于外围地区公共服务设施的缺乏，加大了边缘地区人口增长压力及对中心城区公共服务的依赖。

从三种人口分布情景来看，现有的公共服务配置策略均不适应，尤其是新城承载和廊道承载模式更加需要发挥公共服务的引导作用。

4 从人口分布视角对上海大都市地区空间结构优化的政策路径探讨

人口分布的优化是市场因素与规划干预相互作用的过程。通过三种人口分布情景及适应性分析，表明不同情景与现状的适应性不同，不同的情景目标也对应了空间政策不同选择。在既有的空间发展过程中，相关的政策供给与规划目标之间存在偏差，并未体现空间政策的有效干预作用。

上海面对人口进一步增长压力，需要清晰空间结构调整的目标，政策层面加强以人口分布优化目标为导向的路径设计，从目标维度、时间维度、空间维度、实施维度等建立起有效的应对策略和政策调控体系。

4.1 人口分布优化：确立空间结构调整的基本目标导向

人口布局优化是一个长期、动态过程，需要有一个清晰的目标取向。从上海长远发展来看，推动新城发展无疑是一项长期战略，其意义不仅在于缩小中心外围差距，缓解中心城压力，更在于通过新城发展全面提升外围地区区域服务功能，增强上海对长三角的辐射能力。但新城的成长并非市场规律自然作用的结果，而这恰恰是空间规划发挥引导作用的意义所在。

从当前人口分布存在的矛盾来看，应选择既符合实际又有利于长远的分布目标。通过情景适应性分析，合理的空间目标和路径选择并不是采取某一个情景策略，三个情景之间存在着一定的序列和嵌套关系，需要确立以"中心疏解、边缘抑制、强化新城、培育廊道"作为人口分布优化的基本策略和目标导向。

4.2 时间维度：构建从现实到目标的行动框架

新城发展需要一个时间过程，需要清晰认识目标与现实存在的差距，从现实基础和矛盾出发，基于时间维度构建从现实到目标的行动框架。

从不同情景目标与现状适应性的关系来看，大致为边缘情景＞廊道情景＞新城情景。边缘情景具有现实基础，但不加以规划引导将加剧蔓延趋势，并挤压新城的发展空间。从短期来看，边缘承载具有一定的合理性和现实需求，但应以抑制蔓延和结构调整为手段，逐步扭转边缘增长态势，向廊道和新城承载过渡是优化人口分布的长期策略。

因此，从阶段性目标分析：①近期应积极采取郊区产业结构优化策略，加强边缘带结构调整和控制，促进边缘节点发育和公交廊道建设；②中期空间政策向外推移，引导就业沿廊道向外围新城集聚；③远期强化都市区整体功能和支撑体系建设，全面提升整体运行效率。从长远的人口分布导向来看，最终促进"廊道＋新城"模式的形成。这其中影响就业分布的产业结构和布局的调整将是一个关键因素，同时要加强轨道交通走廊建设及对住宅供应规模和供应区位的节奏控制。

4.3 空间统筹：中心外围差异化的分区政策引导

从空间维度来看，上海大都市地区人口布局优化需要中心、边缘、外围地区发展关系的统筹，针对不同分区制定差异化的政策引导策略，打破以行政单元为基础均质化的发展格局，促进内部更新与外部发展的协同。总体上可以分为中心城、中心城周边及外围地区三个策略分区。

4.3.1 中心城以疏解、优化、更新为主，提高建成环境质量

在已提出的"双增、双减"（增加公共服务、增加公共绿地，降低容积率、减少建筑物高度）基础上，适度控制总体开发规模，控制住宅开发供应，促进就业岗位向外疏解。

4.3.2 中心城周边地区以结构调整、减量发展为主

针对边缘区已形成的突出矛盾，需要控制蔓延，严控开发规模，加快工业用地的转型调整，减少土地供应量和已规划的住宅供应规模。强化地区中心和沿放射形廊道的边缘节点，增加公共服务和就业岗位，改善公共交通，提高轨道交通的覆盖水平和服务能力。加强中心－外围交通转换枢纽功能节点。

4.3.3 外围地区以统筹发展为主

主要加强三个方面：一是主城功能的统筹，二是城乡公共服务的统筹，三是不同管理单元的统筹。

其中，外围新城地区以强化发展为主。加快产业结构调整，加强服务长三角功能集聚及新城与周边产业园区的融合发展，增强与中心城的轨道交通联系，提高高等级公共服务设施配置和基本公共服务配置水平，增强对人口的吸引力。

外围廊道地区以强化定向发展为主，应用TOD发展模式强化交通廊道，加强新城与中心城间联系以及轨道交通承载能力。围绕轨道交通枢纽站点，增加就业节点，促进中心城就业沿走廊向外疏解。增强沿轨道交通站点的公共服务配置，促进人口和就业沿走廊分布。

在主要新城及廊道以外的地区，控制人口增长和用地扩张，保证城乡基本公共服务和公共交通的覆盖水平。

上海大都市地区空间结构优化的政策路径探析——基于人口分布情景的分析方法

Analysis on the Policy Path of Spatial Structure Optimizing in the Shanghai Metropolitan Region: A Scenario-Based Study on Population Distribution

4.4 推进机制：各类空间政策的聚焦和协同

政策协同是引领城市功能布局优化和空间布局调整的关键，也是市场化环境下对供需关系和城市增长机制进行有效调控的核心手段。缺乏实施维度的政策聚焦和协同是目前城市空间结构调整过程中暴露出来的突出矛盾，表现在不同项目之间、不同部门之间、不同层级政府之间缺乏相应的协同机制，建设行为缺乏围绕总体目标的整合，不同阶段的发展意图缺乏连续性，造成总量失控、结构失衡、布局矛盾的局面。例如大型居住社区选址与新城脱节，中心城及边缘地区居住开发用地投放量过大，与疏解中心城、促进新城发展的规划目标背离等。

实施维度的政策聚焦及不同部门、不同层级政府间的协同，是推进城市空间有序发展的保障：首先，需要确立总体规划作为空间政策协同的平台，发挥"多规统筹"作用，体现总体规划对各项政策、各类专项系统规划、各层次实施性规划的统筹和指导；其次，从技术层面加强对各类要素之间相互支撑关系的研究，聚焦交通、产业、居住、公共服务政策，从总量调控、结构均衡、节奏同步、空间协同方面加强路径设计；第三，在制度层面积极推动大都市地区空间治理模式创新，在行动机制上保障多部门、多层次的"多规合一"。

4.5 动态调整：阶段性政策评估与规划弹性应对

空间结构优化是动态的过程。人口增长和分布具有一定的不确定性，不可避免地会出现阶段性发展和目标间的偏差，以及要素配置上的供需失衡，对此需要建立动态监测、阶段评估、规划弹性应对和空间政策动态调整的机制。

建立目标导向的行动规划编制和实施机制。从实施维度分阶段目标出发，建立近期行动规划和年度行动计划的滚动编制和实施机制，以"多规合一"为保障，确立规划实施过程中系统要素、空间政策和项目之间的统筹关系。

建立常态化的动态监测和评估机制。建立相关政策评估的方法体系，动态监测、把握规划实施状况。通过年度监测、2～3年的阶段性评估、5年的规划评估及规划调整机制，作为阶段性目标动态调整的依据，指导新一轮近期行动规划编制。

规划控制方式的弹性应对。以过程控制作为规划应对的基本手段，打破传统的静态控制思维。如对于公共服务设施可以采取弹性预留的方式，结合区县总规开展阶段性评估，根据实际需求，允许5年调整一次，动态投放预留用地。

5 结论与讨论

通过运用情景分析方法比较了不同的人口分布导向的适应性，及相关空间政策的影响。进而从优化空间结构的目标出发，探讨了人口布局优化的取向，从建立有效的规划调控机制出发，围绕时间维度、空间维度、推进机制及动态应对等方面分析了空间政策调控的重点。本文主要观点和结论，大致可以归纳为以下几个方面：

首先，上海大都市地区面对新一轮发展环境，空间结构的更新、优化将替代传统的以外延扩张为主的发展模式，其中人口布局优化是空间结构调整的重要任务，而与之紧密相关的产业布局、交通、住房、公共服务等方面的空间政策设计是推动空间结构优化的关键手段。

其次，从既有的规划目标和规划实施出现偏差来看，缺乏有效的空间政策聚焦是造成这一矛盾的主要原因，疏解人口和发展新城仅仅停留在目标远远不够，探讨空间政策路径显得更为重要。

再次，未来上海大都市地区的人口分布目标存在多情景的选择，发展郊区新城是一项长期性、系统性的工程，难以一蹴而就，既要体现目标导向，也要尊重市场规律，需要综合把握产业结构调整、开发节奏、要素支撑及政策引导等多方面的关系。

然后，从优化空间结构的政策设计的框架

来看，包括构建人口分布的目标导向、时间维度的行动框架、差异化的分区引导、空间政策聚焦与协同、阶段评估与动态应对五个方面。

最后，作为本文的延伸讨论，也涉及了总体规划变革一些关键问题。一方面，在总体规划向政策型规划转型的趋势下，作为空间政策整合的平台，是否应当确立在地方层面空间规划体系中的核心地位，而这也将取决于规划运行的外部环境；另一方面，面对城市建设方式转型的要求，总体规划研究的技术和方法需要拓展，加强对空间政策研究是增强总体规划有效性的关键。

作者简介：张尚武　同济大学建筑与城市规划学院教授、博士生导师；
　　　　　晏龙旭　同济大学建筑与城市规划学院博士生；
　　　　　王　德　同济大学建筑与城市规划学院教授、博士生导师；
　　　　　刘振宇　上海同济城市规划设计研究院工程师；
　　　　　陈　烨　上海同济城市规划设计研究院规划师。

参考文献

[1] CMAP. Scenario construction notes[R]. 2008. www.cmap.illinois. gov/... / Scenario Construction.pdf/.

[2] ESPON.Scenarios and vision for European Territory 2050(final draft) [R]. 2014. www.espon.eu.

[3] Fregonese Calthorpe Associates. Envision Utah: producing a vision for the future of the Greater Wasatch Area[R] . 2000. http://www.fiego.com.

[4] KUPISZEWSKA D, KUPISZEWSKI M. ET2050: Territorial scenarios and visions for Europe: demographic trends and scenario[R]. 2014. www.epson.eu.

[5] SHEARER A W. Approaching scenario-based studies: three perceptions about the future and considerations for landscape planning[J]. Environment and Planning B, 2005, 32: 67-87.

[6] 本刊编辑部 . 上海 2040 战略专题系列研讨会（一）[J]. 上海城市规划，2014 (3): 3-13.

[7] 冯健 . 西方城市内部空间结构研究及其启示 [J]. 城市规划，2005 (8): 41-50.

[8] 高向东，张善余 . 上海城市人口郊区化及其发展趋势研究 [J]. 华东师范大学学报（哲社版），2002(2): 118-124.

[9] 顾竹屹，赵民，张捷 . 探索"新城"的中国化之路——上海市郊新城规划建设的回溯与展望 [J]. 城市规划学刊，2014(3): 28-36.

[10] 李健，宁越敏 . 1990 年代以来上海人口空间变动与城市空间结构重构 [J]. 城市规划学刊，2007(2): 20-24.

[11] 彭震伟，路建普 . 上海城市人口布局优化研究 [J]. 城市规划学刊，2002(2): 21-26.

[12] 上海城市规划设计研究院 . 上海市城市总体规划 (1999-2020) 实施评估 [R]. 2013.

[13] 汤志平，王林 . 上海市人口布局导向战略研究 [J]. 城市规划，2003(5): 63-67.

[14] 唐子来 . 西方城市空间结构研究的理论和方法 [J]. 城市规划汇刊，1997(6):1-11.

[15] 同济大学 . 上海空间战略专题研究：上海市 2040 空间发展战略研究 [R]. 2014.

[16] 同济大学 . 上海空间战略专题研究：资源紧约束条件下的城市规模（人口与建设用地）多情景预测与应对策略研究 [R]. 2014.

[17] 王德，刘振宇，武敏，等 . 上海市人口发展的趋势、困境及调控策略 [J]. 城市规划学刊，2015(2): 40-47.

[18] 王桂新 . 上海人口规模增长与城市发展持续性 [J]. 复旦学报（社会科学版），2008(5): 48-57.

[19] 徐毅松，石崧，范宇 . 新形势下上海市城市总体规划方法论探讨 [J]. 城市规划学刊，2009(2): 10-15.

[20] 于涛方 . 京津走廊地区人口空间增长趋势情景分析：集聚与扩散视 角 [J]. 北京规划建设，2012(4): 14-20.

[21] 岳天祥，王英安，张倩，等 . 北京市人口空间分布的未来情景模拟分析 [J]. 地球信息科学，2008(4): 479-488.

[22] 郑凯迪，徐新良，张学霞，等 . 上海市城市空间扩展时空特征与预测分析 [J]. 地球信息科学学报，2012(4): 490-496.

[23] 周春山，叶昌东 . 中国城市空间结构研究评述 [J]. 地理科学进展，2013(7): 1030-1036.

[24] 左学金，权衡，王红霞 . 上海城市空间要素均衡配置的理论与 实证 [J]. 社会科学，2006(1): 5-16.

上海大都市地区空间结构优化的政策路径探析
——基于人口分布情景的分析方法

Analysis on the Policy Path of Spatial Structure Optimizing in the Shanghai Metropolitan Region: A Scenario-Based Study on Population Distribution

武汉市建成区扩展演变与规划实施验证 *

Evolution of Built-Up Area Expansion and Verification of Planning Implementation in Wuhan

詹庆明　岳亚飞　肖映辉

摘　要　利用 QGIS 平台重构地图技术，结合 RS 和 GIS 综合集成的研究方法，研究了从 1870 年以来武汉市建成区扩展演变趋势，并与对应时期各版城市总体规划相比较，挖掘规划对于城市建设的指导作用。从建成区的扩展演变来看，1950—1970 年和 1995—2010 年两个时期扩展最为迅速，主要是工业区的发展和经济开发区的带动。整体的扩展模式是从初始的三镇独立沿江发展，逐渐形成空间"十字"发展模式，后期呈圈层向外推进和沿主要交通道路的"外延式"扩展。各时期城市总体规划的指导作用明显，尤其是对工业区和经济开发区的规划，而对居住区的规划指导作用相对偏弱。城市的实际发展规模与规划在每一时期有不同程度的偏差。目前武汉市在实际发展规模、空间结构、用地布局等要素上与 2010 版的武汉市城市总体规划的耦合度较高，绿地规模距规划目标差距较大。本文主要在两个方面具有创新：(1) 利用地图重构的技术方法将历史追溯到 1870 年，结合遥感影像数据探究了武汉市建成区近现代比较完整的发展演变过程；(2) 研究不同阶段武汉市规划与城市实际发展的耦合度。

关键词　建成区；城市扩展；空间结构；规划实施验证

随着城市化进程加快带来的建成区快速扩展、环境恶化和生态破坏等现象日益显现，城市演变研究以及生态修复和城市修补得到更多关注，特别是遥感及地理信息系统技术的发展为此类研究提供了新的研究方法和技术保障[1, 2]。而利用遥感影像提取城市地理信息多集中于 20 世纪 90 年代之后，在此之前的时期由于技术和资料的限制很难获取城市建成区的有效信息。吴雪飞（2004）将武汉市的城市空间演化分为近代城市空间演化（1861—1949年）和现代城市空间演化（1949 年至今）两个阶段，近代和现代具有很大的差异性[3]。目前很多学者已经运用不同的技术方法从不同角度研究了武汉市城市扩展[4-6]，然而很少涉及

20 世纪 90 年代前武汉市建成区扩展的量化研究。武汉城市空间形态的历史演变是现代城市空间发展的基础，也是现代城市改造和发展的依据。因此，需要探寻有效方法获取武汉市近代建成环境信息，促进在未来构建合理的城市发展形态、优化空间结构。老地图记录了不同阶段的城市现状，在北京市近百年城市发展的研究中就利用了老地图提取城市建成区信息[7]，搜集老地图并与遥感影像等现代数字信息相结合，可以很好地向前延伸城市发展脉络。

2009 年，住房和城乡建设部颁布《城市总体规划实施评估办法（试行）》(以下简称《办法》)，而深圳（2002）、广州（2007）、徐州（2007）、上海（2009）、长沙（2009）、杭

* 国家自然科学基金重点项目 (41331175)；测绘地理信息公益性行业科研专项 (201512028)。原载于《城市规划》2018 年第 3 期。

州（2010）、北京（2010）等城市都先后在总体规划实施评价的机制建设、内容方法上开展了积极的探索和尝试[8]。《办法》为总体规划实施评估的工作提供了一个较为全面的内容框架，目前大多数城市都是以此框架为基础结合自身特点探索了评估的内容与方法[9]。主要内容是以城市用地布局评价为核心，并以城市建设用地增长控制、城市发展方向引导、城市空间结构调控等物质空间优化为重点内容。而规划的编制与实施是有延续性的，其与上一时期的规划有密切联系，但是，目前规划的实施评估主要是以单一时期内为主，缺少对之前时期的延续。

本文主要是针对规划效果部分的评估，包括城市建设规模、人口、城市用地等方面，结合城市人口、用地、产业等数据分析，评估武汉市从 1954 版到 2010 版的城市总体规划，研判城市规划与城市空间扩张及用地结构的契合度，探究城市规划在城市扩张中发挥的作用，以对未来城市规划的编制和实施提供借鉴和指导。

1　研究数据与方法

1.1　建成区的提取

这里基于 QGIS 平台和 GDAL 插件，对城市空间形态发展图形进行倒溯重构。结合武汉城市建设发展大事记年表和筛选出的历史地图，确定时间节点为 1870 年、1910 年、1950 年、1970 年和 1990 年（图 1）。以 2015 年的地理坐标为基准，将所有数据统一在 GCS_WGS_1984 坐标系统下，将 5 个年份地图配准。由于历史数据的限制，1870—1990 年的时间段内建成区的提取主要是在主城区的范围内，这也是与当时的实际发展情况相吻合的。

在 1990 年之后，由于城市的迅速扩张，确定以都市发展区的范围为界。从 20 世纪 90 年代开始的阶段，是以城市总体规划编制和实施的时间点为依据，确定 1995 年、2005 年、2010 年、2015 年 4 个重要的时间节点（图 2），研究武汉市建成区的扩展变化。通过结合

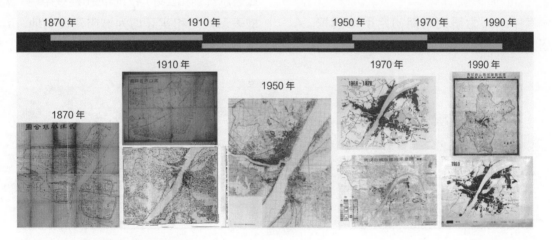

图 1　5 个时间点的主要地图依据
Fig.1　The main maps as the basis for the 5 points in time

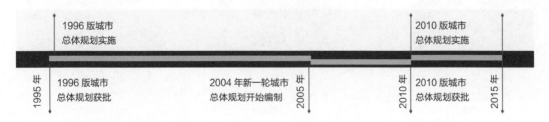

图 2　1990 年以后确定的时间点依据
Fig.2　The basis for the points in time determined after 1990

不同年份具体的影像数据对建成区进行提取，1995 年利用 30 m 分辨率的 Landsat-TM 影像，2005 年利用 2.5 m 分辨率的 SPOT5 影像，2010 年利用 2.5 m 分辨率的 ALOS 影像，2015 年利用最新的地理国情普查数据，结合各年份的城市用地现状图，在 ENVI 和 ArcGIS 等软件的支持下，采用胡忆东、吴志华等确定的武汉市建成区界定方法，以功能性、连片发展性、指标匹配性、建设现势性等原则对多要素进行综合判定，判绘武汉市城市用地，并通过外业调查确定影像不能辨别的用地，最终提取出各年份的建成区[10]。

1.2 扩展强度

城市扩展强度指数是指研究区域在研究时期内的城市用地扩展面积占用地总面积的百分比。实质就是用研究区的用地面积对其年均扩展速度进行标准化处理，使其具有可比较性。计算公式为[11]：

$$R = \frac{A_b - A_a}{A_a} \times \frac{1}{T} \times 100\% \qquad (1)$$

其中，A_a 为研究时期初始用地面积，A_b 为研究期末用地面积，R 为扩展强度。R 越大，城市扩展速度越快。

1.3 城市规划实施验证内容与数据

数据包括各年份的城市用地现状图、各版总体规划图纸与文本（图 3）、相应年份的武汉市统计年鉴，并按照需要将部分 jpg 格式图纸进行矢量化。

表 1 将武汉城市扩展分为 4 个时段，分别对应时间最为接近的城市总体规划，从城市建设规模、人口量、工业和居住用地布局等方面进行规划评估。尤其对于 2010 版总规实施评估进行深入研究：采用象限法对城市空间扩展方向进行评价，对空间增长的均衡性和非均衡性进行评估；使规划与实施的一致性程度得以定量化表达，并判别超出规划范围的用地类别；将不同类型城市用地作详细比对，确定不符合规划目标的用地性质。

1.4 一致性评价方法

将城市规划布局与规划期末的城市形态两类数据对比，可以得到 4 类区域，其中 a_{00} 区域表示规划和实际均为非城市建设用地，a_{11} 区域表示规划和实际均为城市建设用地，a_{01} 区域表示规划为非城市建设用地而实际为城市建

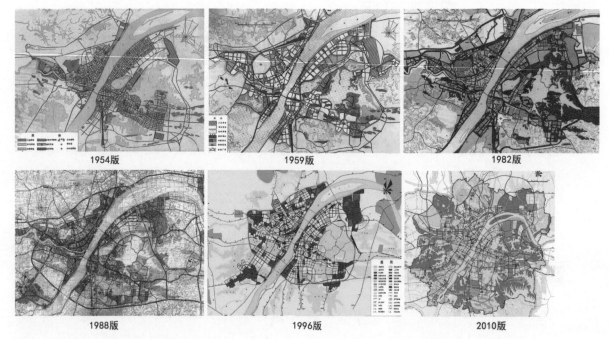

图 3　不同时期武汉市城市总体规划
Fig.3　City master plans of Wuhan in different periods

设用地，a_{10} 区域表示规划为城市建设用地而实际为非城市建设用地。根据规划布局与城市形态的对比，选取下面的 3 个指标用于评价两者的一致性程度，这 3 个指标可以对空间分布和总体开发规模的一致性程度进行较好的表征。

规划实现率：

$$r_P = \frac{a_{11}}{a_{10} + a_{11}} \times 100\% \quad （2）$$

表示规划范围内已开发的用地所占的比例，即为城市规划实现的比例；

开发合法率：

$$r_D = \frac{a_{11}}{a_{01} + a_{11}} \times 100\% \quad （3）$$

表示已开发用地范围内位于规划区域的比例，即为合法开发的比例，位于规划区域外则认为是非法开发；

总精度：

$$r_T = \frac{a_{00} + a_{11}}{a_{00} + a_{01} + a_{10} + a_{11}} \times 100\% \quad （4）$$

表示规划与开发一致的范围占整个研究范围的比例。

2 建成区扩展演变结果

2.1 建成区扩展强度

从表 2 中的扩展强度来看，1950—1970 年扩展强度最高，达到了 15.72%，这是由于新中国成立之初，"一五""二五"时期，武汉被列为国家重点建设地区，进入了新中国成立后第一个城市建设高潮。规划的 12 个工业区得到很好的落实发展，武汉城市基本布局框架在该阶段奠定。1995—2005 年、2005—2010 年是扩展强度相对较高的两个阶段，因为在这段时间武汉市经济开发区、东湖高新技术开发区、吴家山经济开发区（后更名为武汉临空港经济开发区）三个国家级经济区得到迅速发展，主体形成（图 4）。

2.2 空间结构变化研究

1870—1950 年，三镇各自沿江发展，1950—1970 年，武汉长江大桥建成，形成沿"十字轴"的延展态势。武汉市城市空间格局初步形成，1970—1990 年，多条跨江大桥建成，城市道路交通体系逐步完善，内城中心圈层结构愈发明显，至 1990 年中期形成"十字"和"环线"圈层的城市骨架。在 20 世纪 90 年代之后，国家级经济开发区呈飞地式在武汉外围发展，以城市性干道为依托，同时又受制于武汉市山体、湖泊等地理要素，城市局部区域呈带状、片状向外扩展，形成目前的以主城为中心，多轴向外扩展模式（图 5）。

表 1　武汉市城市总体规划实施验证的时间段
Table 1　The verification period of the master planning implementation in Wuhan

项目	1950—1970 年	1970—1995 年	1995—2010 年	2010—2020 年
对应时期的总体规划	1954 版（规划至 1972 年）1959 版（规划至 1967 年）	1982 版（规划至 2000 年）1988 版（规划至 2000 年）	1996 版（规划至 2020 年）	2010 版（规划至 2020 年）

表 2　1870 年以来武汉市建成区扩展强度
Table 2　The expansion intensity of built-up areas in Wuhan since 1870

项目	1870 年	1910 年	1950 年	1970 年	1990 年	1995 年	2005 年	2010 年	2015 年
建成区总面积（km²）	7.5	16.3	34.8	144.2	218.9	259.27	439.51	619.21	755.09
年均扩展面积（km²）	—	0.22	0.46	5.47	3.74	8.07	18.02	35.94	27.18
扩展强度（%）	—	2.93	2.84	15.72	2.59	3.69	6.95	8.18	4.39

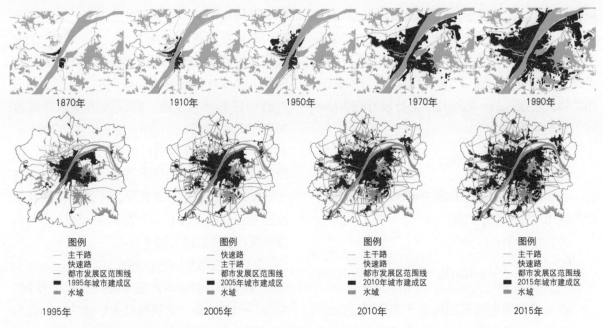

图 4   1870 年以来的武汉市建成区
Fig.4 The built-up areas of Wuhan since 1870

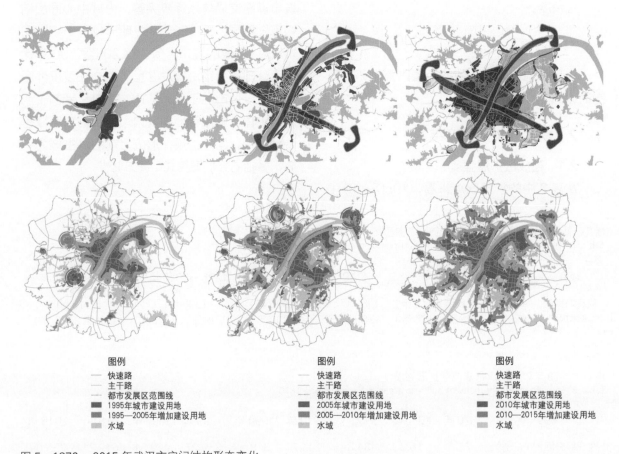

图 5   1870—2015 年武汉市空间结构形态变化
Fig.5 Spatial structure and morphological changes of Wuhan during 1870–2015

3 不同时期武汉市扩展演变的规划实施验证

3.1 不同时期武汉市扩展规模的规划实施验证

从表3中可以看出，依据1959版规划，实际的人口规模和用地规模都是略大于规划的80%，没有很好地完成规划，其中一部分原因是受当时规划脱离实际的影响；1982版和1988版的规划相对于实际情况的人口规模和建设规模都偏小，后者偏小的程度少，说明1988版作为调整后的规划，与实际发展的情况更为契合。对比1996版的规划，实际的城市发展速度远超出了规划预测：①在城市政策的引导下，工业区和经济技术开发区在20世纪90年代后迅速发展，超出预期；②有大量的外来人口在这一时期进入武汉，造成这一时期的人口急剧增长；③城市用地的市场化改革和房地产业的快速发展推动了城市用地的快速增长。而在2010版的规划中，目前城市发展规模与规划契合度较高。

3.2 不同时期武汉市工业、居住用地的规划实施验证

在1950—1970年期间，规划的工业区和居住组团基本落实形成，另外自发形成沙湖、和平里和万人宿舍等居住组团（图6）；在1970—1995年期间，12个工业区持续发展，规划的武汉经济技术开发区开始建设，结合工业区配套的3个居住组团和为降低旧城区密度配建的3个居住组团均得到发展实施（图7）。

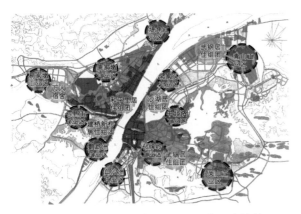

图6 1950—1970年规划工业区和居住区实施情况
Fig.6 The planning implementation of industrial and residential areas during 1950–1970

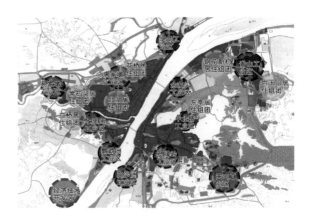

图7 1970—1995年规划工业区和居住区实施情况
Fig.7 The planning implementation of industrial and residential areas during 1970–1995

表3 不同时期武汉市扩展规模的规划实施对比
Table 3 Comparison on expansion scale between planning and implementation in different periods in Wuhan

发展期	城市总体规划	规划期末人口（万人）	规划期末用地面积（km²）	实际期末人口（万人）	实际期末用地面积（km²）	实际期末人口/规划期末人口（%）	实际期末面积/规划期末面积（%）
1950—1970年	1954版总规（规划至1972年）	198	203.5	201	144	101.5	70.8
	1959版总规（规划至1967年）	240	167			83.8	86.2
1970—1995年	1982版总规（规划至2000年）	280	200	355	259.27	126.79	130.0
	1988版总规（规划至2000年）	350	245			101.43	105.8
1995—2010年	1996版总规（规划至2020年）	505	427.5	646.57	794.25	128.03	185.79
2010—2015年	2010版总规（规划至2020年）	880	947.81	742.5	950.82	84.38	100.32

注：人口统计口径为都市发展区范围内常住人口数。

1996 版规划主要新增后湖、南湖等 6 个居住组团（图 8），至 2010 年与规划一致且发展较好的是后湖、长丰、南湖组团；规划中的白沙和四新片区发展较慢，居住用地仅有零星少量增加。在规划范围外的居住用地中，谌家矶、关山以工业发展为主的同时，配套居住建设情况良好，增长较为集中。随着长江二桥通车使用，杨园地区居住用地增加显著（图 9）。

1996 版规划重点实施工业区的调整改造，形成东湖高新技术开发区、青山工业区、武汉市经济开发区，构成工业重点开发区，形成古田等 4 个中型工业区和后湖等 6 个小型工业区（图10）。而此时期工业发展与规划较为一致，工业增长主要集中于外围，三大工业重点区在原有基础上继续发展，古田、琴断口、白沙洲、后湖、谌家矶等地的工业增长也在规划范围内（图 11）。

2010 版规划新增居住用地主要集中于二环外，主要是二环与三环之间（图 12）。与规划一致且发展较好的居住组团有古田、后湖、南湖、杨园和关山，均有不同程度的增长。相比较而言，四新和白沙组团发展较为缓慢；谌家矶在此时期居住仅有少量增加（图 13）。

2010 版规划对工业实行"相对聚集、分层布局"的原则，二环线以内为严格限制区，除保留少部分非扰民的小型工业点和工业地段外，逐步搬迁改造其他工业企业，实施"退二进三"，二环线至三环线之间为控制性发展区，三环线之外的都市区为工业重点发展区（图14）。实际新增工业用地主要位于三环外，主要是依托青山、沌口、关山大型产业园聚合式发展，占总增长的 58%；二环以内的城市空间呈现逆增长态势，其工业用地转置为居住用

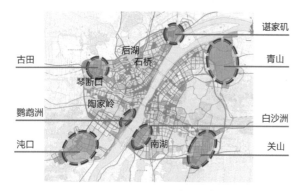

图 8　1996 版规划新增主要居住用地布局
Fig.8　The layout of the newly increased residential land in the master plan of 1996

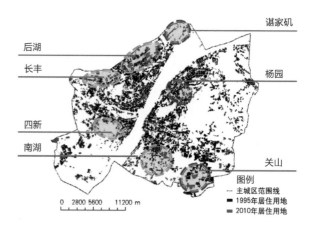

图 9　2010 年实际新增主要居住用地布局
Fig.9　The layout of the actually increased residential land in 2010

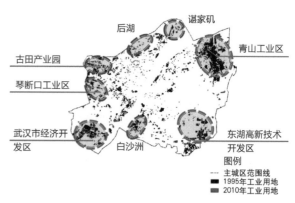

图 10　1996 版规划新增主要工业用地布局
Fig.10　The layout of the newly increased industrial land in the master plan of 1996

图 11　2010 年实际新增主要工业用地布局
Fig.11　The layout of the actually increased industrial land in 2010

图 12　2010 版规划新增主要居住用地布局
Fig.12　The layout of the newly increased residential land in the master plan of 2010

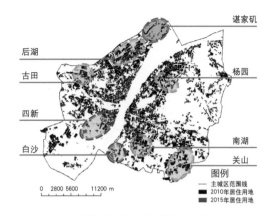

图 13　2015 年实际新增主要居住用地布局
Fig.13　The layout of the actually increased residential land in 2015

图 14　2010 版规划新增主要工业用地布局
Fig.14　The layout of the newly increased industrial land in the master plan of 2010

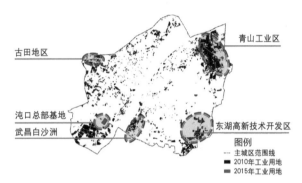

图 15　2015 年实际新增主要工业用地布局
Fig.15　The layout of the actually increased industrial land in 2015

地、公共设施用地和绿地，基本上符合规划要求（图 15）。

3.3　现阶段武汉市的空间结构发展一致性研究

2010—2015 年实际的建设用地增长中，基本体现了"以主城区为核心、多轴多心"的开放式空间结构（图 16），但在 6 个方向上的用地发展出现分化。从在不同方向上的用地增长可以看出，2010—2015 年建设用地年均增长量大的是西南向（5.75 km²/ 年），西向（4.48 km²/ 年），南向（4.26 km²/ 年），汉口片区和汉阳片区的建成区增长速度已经远高于武昌片区（图 17）。

3.4　现阶段武汉市的用地布局一致性研究

图 18 中，a_{01} 表示超出规划范围的城市建设用地，a_{10} 表示规划为建设用地而实际还未开发用地，a_{11} 表示与规划一致的开发建设用地。

通过前文 1.4 部分的理论计算得到 2015 年的规划实现率 62.19%，开发合法率为 86.55%，总精度为 82.35%，虽然实现率只有 62.19%，考虑到规划期末为 2020 年，总体来看，实际与规划的耦合度较高。

从表 4 可以看出，超出规划范围建设用地最多的分别是未利用建设用地（30.53%），工业用地（25.27%）和居住用地（24.33%）（图 19）。

从表 5 中可以看出，"公共管理与公共服务用地、公用设施用地、道路与交通设施用地"超过规划目标值；"绿地与广场用地、商业设施用地、工业用地"需进一步加强，尤其是绿地与广场方面，实现度只有 32.2%。新增用地中工业用地、道路与交通设施用地占比达到 71.7%，而绿地没有增加反而有所减少。同时需注意未利用建设用地的面积在增加，2015年已达到 163 km²，具有很大的发展潜力。

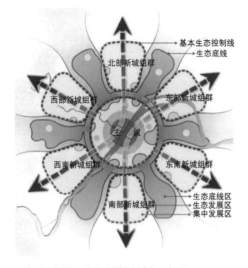

图 16　都市发展区空间结构规划示意图
Fig.16　Spatial structure planning of urban development areas

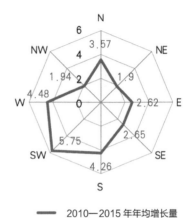

图 17　2010—2015 年不同方向建设用地增长速度
Fig.17　Growth rate of construction land in different directions during 2010-2015

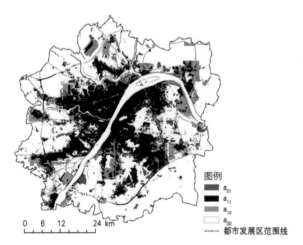

图 18　现状城市建设用地与规划城市建设用地一致性分析
Fig.18　Consistency analysis on the current urban construction land and the planned urban construction land

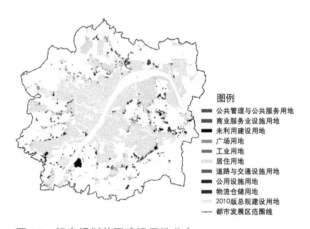

图 19　超出规划范围建设用地分布
Fig.19　Layout of construction land beyond the planning scope

表 4　超出规划范围建设用地统计
Table 4　Statistics of construction land beyond the planning scope

用地性质	面积（km²）	比例（%）
物流仓储用地（W）	2.73	2.38
公用设施用地（U）	3.46	3.01
道路与交通设施用地（S）	1.76	1.53
居住用地（R）	27.94	24.33
工业用地（M）	29.02	25.27
广场用地（G3）	0.04	0.03

用地性质	面积（km²）	比例（%）
未利用建设用地（F）	35.05	30.53
商业服务业设施用地（B）	5.78	5.03
公共管理与公共服务设施用地（A）	9.04	7.87
总计	114.82	100

表5　2010—2015年都市发展区各类用地统计（单位：km²）
Table 5　Statistics of different types of land use in urban development areas during 2010–2015 (Unit: km²)

用地代码	用地性质	2010年基期年	2015年	2020规划目标	实现度(2015/2020)	2010—2015年增量	2010—2015增量比重
A	公共管理与公共服务用地	74.94	85.41	83.39	102.4%	10.47	12.1%
U	公用设施用地	22.65	26.59	14.39	184.8%	3.94	4.6%
B	商业设施用地	24.1	35.29	44.76	78.8%	11.19	13.0%
R	居住用地	220.9	220.98	258.8	85.4%	0.08	0.1%
M	工业用地	156.49	179.05	245.58	72.9%	22.56	26.2%
W	物流仓储用地	16.4	20.74	22.02	94.2%	4.34	5.0%
G	绿地与广场用地	53.58	47.97	148.78	32.2%	−5.61	−6.5%
S	道路与交通设施用地	131.98	171.23	130.09	131.6%	39.25	45.5%
	已利用建设用地	701.04	787.26	947.81	83.06%	86.22	100%
F	未利用建设用地	93.21	163.56	–	–	70.35	–
	合计	794.25	950.82	947.81	100.3%	156.57	–

4　结论

1950—1970年、1995—2010年是武汉市100多年来发展最为迅速的两个时期，前者是因为"一五"和"二五"时期武汉市大量的工业区得到落实发展，后者是在武汉市3个国家级经济区的带动下城市建设用地得到迅速扩张。可以看出，工业的发展是武汉市城市高速扩展的重要动因。武汉市的空间结构是从新中国成立前三镇主要沿长江、汉江独立发展，至20世纪70年代的发展形成"十字轴"的城市骨架，再随着多条跨江大桥建成，到20世纪90年代形成了"圈层式"的城市结构。20世纪90年代后，依托国家级新区建设，城市又向外扩展多条轴线，形成目前的以主城为中心，多走廊的城市格局。

武汉市各个时期在不同的背景下的规划与实施有明显的差异，本文研究的几个时期中，1995—2010年城市发展速度很大程度上超出了1996版规划确定的规模，这与20世纪90年代后武汉市工业区、经济技术区的快速发展有密切关系；在工业和居住用地布局中，总体规划对工业区的指导作用更明显，而居住用地会更多地依据实际需求而发展。

对武汉市现阶段的规划实施验证显示，武汉空间结构发展基本满足"六楔六轴"的规划要求，但不同方向上的用地发展出现分化；目前超出总体规划范围的建设用地主要集中于未利用建设用地、居住用地和工业用地；从对各类型用地的统计发现，绿地规模远未达到规划目标。

本文主要是对规划效果部分进行了多时期的评估验证，在未来的研究中，还需结合大数据时代的信息数据，在人口、社会经济、土地利用、交通、环境等结构化统计数据基础上，采用系统耦合分析、要素叠加分析等方法，由"静态蓝图"的传统物质空间规划评估向全方位、系统性的社会经济综合评估转变，强调规划编制、规划实施和规划效果多方位的评估。

致谢：感谢武汉市土地利用和城市空间规划研究中心的合作及武汉市规划信息中心的数据提供。

作者简介：**詹庆明** 博士，武汉大学城市设计学院教授、博士生导师，中国城市规划学会城市规划新技术应用学术委员会副主任；

岳亚飞 武汉大学城市设计学院硕士，大连都市发展设计有限公司规划师；

肖映辉 硕士，武汉大学城市设计学院副教授、硕士生导师，国家注册规划师。

参考文献

[1] WU F L, WEBSTER C J. Simulating Artificial Cities in a GIS Environment: Urban Growth Under Alternative Regulation Regimes[J]. International Journal of Geographical Information Science, 2000, 14(7): 625-648.

[2] XIAO J Y, SHEN Y J, GE J F, et al. Evaluating Urban Expansion and Land Use Change in Shijiazhuang, China, by Using GIS and Remote Sensing[J]. Landscape and Urban Planning, 2006, 75(1-2): 69-80.

[3] 吴雪飞. 武汉城市空间扩展的轨迹及特征 [J]. 华中建筑, 2004, 22(2): 77-79.

[4] 李雪松, 陈宏, 张苏利. 城市空间扩展与城市热环境的量化研究——以武汉市东南片区为例 [J]. 城市规划学刊, 2014(3): 71-76.

[5] 谭刚毅. "江"之于江城——近代武汉城市形态演变的一条线索 [J]. 城市规划学刊, 2009(4): 93-99.

[6] JIAO L M, MAO L F, LIU Y L. Multi-Order Landscape Expansion Index: Characterizing Urban Expansion Dynamics[J]. Landscape and Urban Planning, 2015, 137: 30-39.

[7] 方修琦, 章文波, 张兰生, 等. 近百年来北京城市空间扩展与城乡过渡带演变 [J]. 城市规划, 2002, 26(4): 56-60.

[8] 欧阳鹏, 陈姗姗, 李世庆. 对完善城市总体规划评估工作的思考与建设 [M]// 孙施文, 桑劲. 理想空间第 54 辑. 上海: 同济大学出版社, 2012.

[9] 袁也. 总体规划实施评价方法的主要问题及其思考 [J]. 城市规划学刊, 2014(2): 60-66.

[10] 胡忆东, 吴志华, 熊伟, 等. 城市建成区界定方法研究——以武汉市为例 [J]. 城市规划, 2008(4): 88-91, 96.

[11] 刘盛和, 吴传钧, 沈洪泉. 基于 GIS 的北京城市土地利用扩展模式 [J]. 地理学报, 2000(4): 407-416.

基于跨城功能联系的上海都市圈空间结构研究

Spatial Structure of Shanghai Metropolitan Coordination Area from Perspective of Inter-City Functional Links

钮心毅　王垚　刘嘉伟　冯永恒

摘　要　本文从上海与周边城市之间跨城通勤联系分析入手，讨论了上海与周边城市组成的巨型城市区域的空间结构、相应的上海都市圈规划策略。通过对上海与周边各个城市流入、流出通勤的特征进行测算和分析。研究发现上海城市职住空间关系已经扩散到周边城市，而且上海与周边城市之间通勤联系呈现明显的双向特征。高频次的跨城功能联系对城市区域空间结构有着显著影响，上海与周边城市组成的巨型城市区域已经出现了功能多中心的趋势。上海都市圈的规划应关注跨城通勤等跨城功能联系及其对空间结构的影响，需要将支持跨城功能联系的空间体系纳入规划内容。

关键词　巨型城市区域；空间结构；上海都市圈；跨城功能联系；功能多中心

上海是长三角地区的核心城市。进入21世纪以来，上海与相邻长三角城市已经共同形成了空间形态上的城市密集地区。《上海市城市总体规划（2017—2035年）》中将上海周边苏州、无锡、南通、宁波、嘉兴、舟山等城市作为上海同城化都市圈，积极推动紧密的近沪地区及周边协同形成同城化都市圈格局。在推进长三角深度融合背景下，规划主管部门也已经开始推进相关都市圈规划编制、政策的制定。准确认识上海与近沪地区周边城市实际联系状况，是相关政策和规划制定的基础，是规划实践的现实需求。

21世纪初以来，国际学术界对城市密集地区的空间形态提出了新的概念。Scott（2011）提出了城市区域（city region），霍尔等（2010）提出的多中心巨型城市区域（mega-city region）。上海与周边城市组成的城市密集地区符合"城市区域"概念的描述，全球化城市区域也已经成为规划目标。一般认为通勤是城市功能的最佳代理（Rain，1999），国际上对中心城市与周边城镇的关系通常使用通勤联系反映的职住空间关系进行界定（Kloosterman et al，2001；Parr，2004；Vasanen，2012）。针对城市密集地区的巨型城市区域，也是采用跨城市的通勤联系认识城市区域的空间结构、空间相互作用，由此来定义和认识城市密集地区的多中心特征（Goei et al，2010；Limtanakool et al，2009；王垚　等，2017），已经成为对巨型城市区域研究的一般途径。

"都市圈"是当前我国城市规划实践中常见的热门用词。在规划实践语境中的"都市圈"概念基本接近国际学术界中的"城市区域"概念。虽没有统一的定义，一般认为都市圈是由一个综合功能的特大城市、以其扩散辐射功能带动周边大中小城市共同形成，是具有一体化

原载于《城市规划学刊》2018年第5期。

特征的城市功能区，都市圈在地域上小于"城市群"，是"城市群"的核心（张京祥　等，2001；袁家冬　等，2006）。这一概念已经在规划实践中得到较为广泛的使用。规划实践中各地相继出台过多个都市圈规划，但在都市圈规划应关注内容、规划重点仍未形成共识（崔功豪，2010）。目前对上海与周边城市组成的巨型城市区域研究已经引起关注，但还是从传统圈层结构认识上海都市圈形态与功能，用交通等时范围、企业总部分支的联系解释上海与近沪地区周边城市的关系（张萍　等，2013；陈小鸿　等，2015；郑德高　等，2017）。

由于城市化阶段、社会经济背景差异，能否从通勤联系等功能联系入手研究上海与周边长三角城市组成的巨型城市区域空间结构特征，这是值得关注的议题。本文将通过对长三角城市跨城通勤联系分析，从城市之间功能联系入手认识上海都市圈的空间结构特征，解释巨型城市区域内发生跨城功能联系对空间结构影响，进一步对上海都市圈的规划内容、规划重点展开讨论。

1 跨城功能联系

随着区域高速交通体系、信息和通信技术发展，使得原本存在于同一城市内的居住、工作、游憩等基本活动扩散到都市圈相邻城市，产生了居住、工作、游憩等城市基本功能分散在不同城市之间的模式。其中，通勤反映的"居住－工作"联系是最为紧密的功能联系。从上海与周边城市之间跨城通勤入手，就能反映出上海与周边城市之间跨城功能联系的现状

和趋势。通过测算长三角核心区域 16 个城市手机用户的职住地，分离出职住地分别位于上海与周边城市的用户，从而获取上海与周边城市的通勤联系[①]。依据通勤联系特征，进而从通勤联系的流向、流量，分析上海与周边城市形成的巨型城市区域的空间结构特征。

1.1 上海中心城区、上海市域与周边城市通勤联系

采用两种方式确定上海中心城市。第一种是以上海中心城区[②]为中心城市，分析上海中心城区与外围地域的通勤联系。第二种以上海市域为中心城市，分析上海市域与外围地域的通勤联系。以下将居住地在上海中心城区（或上海市域）外，工作地在上海中心城区（或上海市域）内的通勤者称为流入通勤；将居住地在上海中心城区（或上海市域）内，工作地在上海中心城区（或上海市域）外的通勤者称为流出通勤。

以上海市域作为中心城市，手机用户测算的流入通勤者 10 071 人；流出通勤者为 6 956 人。以上海市域为中心城市，流入、流出通勤者之比为 1.45。以上海中心城区为中心城市，市域外部的流入、流出上海中心城区通勤者比例为 3.38。考虑到本研究使用的联通手机用户在上述 16 个城市总常住居民数占比，推算流入上海市域通勤者总数为 4 万～5 万人、上海市域流出通勤者总数为 3 万～3.5 万人。

上海与周边直接相邻的苏州、嘉兴两个地级市，不仅均存在近邻的跨城通勤特征，跨城通勤者职住地密集分布在市域边界附近，而且苏州市与上海市还存在明显的"中心至中

---

①本研究地域范围是上海与周边长三角城市，包括江苏省南京、苏州、无锡、常州、镇江、扬州、泰州、南通 8 个地级市，浙江省杭州、宁波、湖州、嘉兴、绍兴、舟山、台州 7 个地级市。基础数据采用上述 16 个城市范围内中国联通匿名手机信令数据，包括了 4G、3G、2G 用户。数据时间为 2017 年 11 月整月，共连续 22 个工作日和 8 个休息日。以一个月以内以夜间驻留时间最长且驻留天数不低于 16 天的位置作为该用户的居住地。以日间驻留时间最长且停留天数不低于 11 天的空间位置作为该用户的工作地。由上述规则识别出居住地、工作地的用户，还需要满足工作日内每日均往返居住地、工作地之间通勤。在 16 个城市范围内计算得到了 24 697 466 常住手机用户，与常住人口比值约为 23%。其中识别出 5 688 488 个中长距离通勤者的居住地和工作地。
②此处将上海外环线以内的街道（镇）以及主体部分在外环线以内的街道（镇）的行政范围作为上海中心城区。

心"职住空间关系特征，即存在明显的苏州中心城区至上海中心城区通勤（图1）。苏州市域至上海中心城区流入、流出通勤者总数为1.4万～1.7万人。

1.2 上海与周边城市的跨城功能联系

上海与周边城市已经出现紧密的跨城"居住－工作"功能联系。当最为紧密的"居住－工作"功能联系也开始扩散到城市之间，其他功能联系也能扩散到相邻城市之间，由此带来了城市之间的不同类型跨城功能联系。这种同城化现象不仅表现为跨城就业，还表现为跨城使用多种城市公共服务等功能联系，高速铁路等区域高速交通体系推动了都市圈相邻城市之间跨城功能联系（吴康　等，2013）。

原存在城市内部的"居住－工作""居住－

游憩"等功能联系是高频发生的行为。这种高频的跨城就业、跨城使用公共服务等功能联系，改变了城市之间原有的以生产、商务等为主的联系模式。上海与周边城市之间出行联系正处于以生产商务等为主的联系模式转向以"居住－工作"等跨城功能联系与生产商务等联系共存的模式。都市圈的跨城功能联系必然会对其空间结构产生重要影响，规划需要应对由此带来的影响（图2）。

1.3 上海与周边城市的多中心空间体系

在"全球化"和"信息化"时代，传统中央商务区（CBD）向郊区、非城市地区或其他地区分散服务，这通常导致新的分中心和所谓的边缘城市（Anas et al，1998；Garreau，1991）。分散化导致更多的多中心城市区域。此外，交通方式提升使得日常生活的出行规

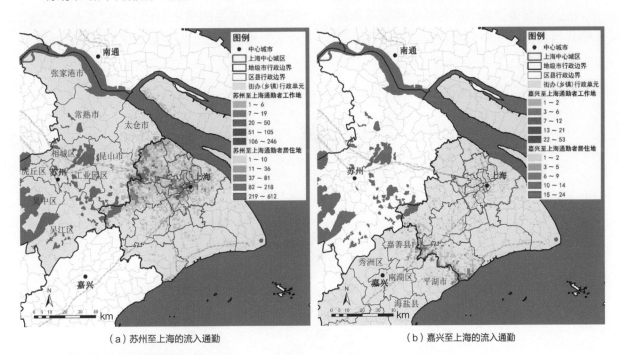

（a）苏州至上海的流入通勤　　　　　　　　　　　　　　　　（b）嘉兴至上海的流入通勤

图1　上海与苏州、嘉兴的跨城通勤
Fig.1　Comparison of Suzhou, Jiaxing by their inter-city commutes with Shanghai

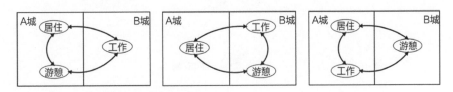

图2　都市圈内部的城市之间不同类型跨城功能联系
Fig.2　Different types of inter-city functional links between cities within the metropolitan area

模和范围越来越大，进一步推动了城市分散化，促使传统核心空间相对去强化（Brand，2002）。由此大城市与其周边地区产生了多中心空间结构。国外研究表明这是由于不同中心之间的协同作用和城市功能的互补性的潜力，多中心空间结构比单中心空间结构具有优势（Meijers et al，2003；Parr，2004；Meijers，2007；EMI，2012）。

Champion（2001）描述了从单中心模式到多中心城市区域模式的一些发展路径，A 模式（离心模式），单中心城市的功能外溢到边缘，形成多中心模式；B 模式（组合模式），大城市在周边地区形成自给自足的中心，与外围中心城市组合形成多中心模式；C 模式（融合模式），几个相似尺寸的独立中心融合在一起形成多中心区域（图 3）。

从上海与周边城市的跨城功能联系来看，B 模式与当前的多中心城市模式的路径类似。

上海是长三角对外门户城市和区域核心城市，市域内郊区新城、市域外周边城市正形成区域内新中心城市。上海与周边城市之间同时出现的流入、流出跨城通勤，说明了周边城市也具有吸引就业的能力，具有了多中心空间体系的特征。

2 上海所在的巨型城市区域及其空间结构

从上海及近沪城市之间跨城"居住－工作"功能联系，可以认识上海所在巨型城市区域空间结构的特征。

2.1 上海所在巨型城市区域的范围

2.1.1 以通勤率计算上海中心城区的职住空间关系超出了上海市域

通勤率是通用的界定外围城镇与中心城市职住空间关系的量化指标。使用通勤率标准，能较好地测算出上海中心城区与市域外部城市

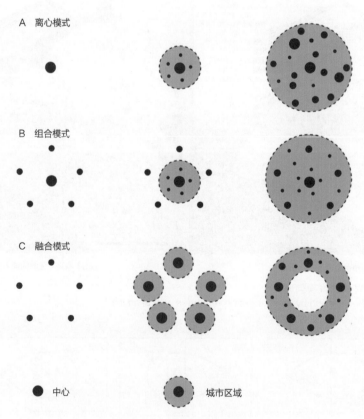

图 3　多中心城市区域发展演化的不同路径 [4]
Fig.3　Development paths for polycentric city regions

智能规划

INTELLIGENT PLANNING

之间跨城功能联系紧密程度。此处使用日本通勤率计算指标，以 1.5% 通勤率划分标准（金本良嗣　等，2002）[③]。

以上海中心城区为中心城市，以 1.5% 通勤率作为上海中心城区紧密通勤范围的划分值，分别得到流入通勤、流出通勤的紧密联系范围。其中，上海中心城区流入通勤紧密范围在西北方向已经跨越了上海市域的行政边界，包含了苏州市域内花桥（流入通勤率 1.6%）。将上述 1.5% 的流入通勤率、流出通勤率计算得到两个范围合并，得到了上海中心城区的紧密通勤联系范围（图 4）。该范围面积为陆域面积 3 779 km²，西北方向跨出了上海市域行政区划范围，南向、西南向、北向均还在上海市域行政区划范围内。

以通勤率划分，上海中心城区职住紧密联系范围局部超越了上海市域范围。这也证明了上海的"居住－工作"城市基本功能开始扩散到城市之间。在规划研究对上海城市功能、空间结构的讨论不能局限在上海市域内，突破上海市域界限，在上海所在巨型城市区域范围来认识上海的城市功能布局、空间结构。

2.1.2　界定上海所在巨型城市区域的范围

将上海市域作为中心城市，使用通勤率指标表示上海与周边城市之间职住空间关系，以功能联系的紧密程度判断巨型城市区域的范

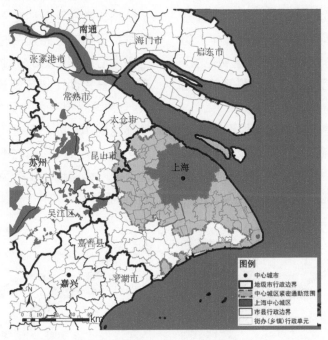

图4　上海中心城区紧密通勤范围
Fig.4　Close commuting area of Shanghai central city

[③]日本通勤率的计算方法是以从某外围城镇到中心城市的流入通勤人数与该外围城镇的常住人口数量的比值。

将通勤率定义为：

$$ICR = \frac{IP}{MP} \qquad\qquad OCR = \frac{OP}{MP}$$

其中，*ICR* 为流入通勤率，*IP* 为从某外围城镇到中心城市的流入通勤人数，*MP* 为该外围城镇的常住人口数量；*OCR* 为流出通勤率，*OP* 为从中心城市到该外围城镇的流出通勤人口数，以 1.5% 通勤率划分标准（金本良嗣等，2002）。本研究考虑流入通勤率和流出通勤率两个方面。流入通勤人数、流出通勤人数均使用手机信令数据识别得到的通勤者数量。*MP* 也是用从同一批手机信令数据识别出居住地在该城镇的手机用户数量代替。由于两者都是从同一批手机信令数据中推算的常住用户、通勤用户，两者比值与日本通勤率计算指标基本一致。

围。采用同样通勤率公式，以街道（镇）为空间单元，计算得出长三角城市与上海市域流入、流出通勤率。将上述单元中通勤率高值区视作上海市域的紧密通勤范围。将15个地级市的各街镇单元的通勤率值进行排序，流入、流出通勤率的数值分布是典型的重尾分布（heavy-tailed distribution）。为此，采用头尾断裂法（head-tail breaks）划分出高值区范围（Jiang，2013）。将流入通勤率、流出通勤率两个高值区合并，得到上海市域的紧密通勤联系范围（图5）。该范围陆域面积为8 729 km^2，西北方向包括了苏州的昆山、太仓的大部分，吴江区、苏州工业园区的部分，南向包括了嘉兴的嘉善、平湖的部分，以及舟山的大小洋山、长江以北南通的海门和启东部分地域。上述范围可以视为以"居住－工作"功能联系紧密程度界定的上海巨型城市区域范围。

2.2 上海所在巨型城市区域不是简单的圈层结构

简单圈层结构是基于对城市区域形态的简单度量。上海与周边城市之间的跨城功能联系的紧密程度不以空间距离为依据，也不与交通等时圈一致。跨城功能联系是形成巨型城市区域空间结构基础，那么上海所在巨型城市区域就不是简单的圈层结构。

在以通勤联系划分的上海市域紧密联系范围内，存在松江、嘉定、金山、青浦、临港、奉贤南桥、崇明城桥等7个上海市域内郊区新城，以及昆山、太仓、嘉善、花桥、苏州工业园区等5个市域外城市（城区）。就与中心城区通勤联系紧密程度，上海市域外的花桥已经超越了市域内部分郊区新城（表1）。随着高速交通体系完善，使得上海中心城区的功能紧密联系范围出现了围绕高铁、跨省轨道交通系统的带状延伸、甚至出现离散型飞地形态（图6）。

进一步以交通等时圈进行比较，图7是上海中心城区边缘出发的交通等时圈范围，考虑了公路、高铁等多种交通方式综合。从实际通勤联系得到的上海紧密通勤联系范围明显小于上海中心城区的90分钟交通等时圈。上海与苏州、嘉兴两个城市交通联系通道数量类似，90分钟等时圈空间范围，在各自市域内覆盖比例都达到100%，但是实际与上海中心城区跨城功能联系程度却截然不同。交通等时圈是一种交通网络的理想出行范围，不是真实的出行联系范围。

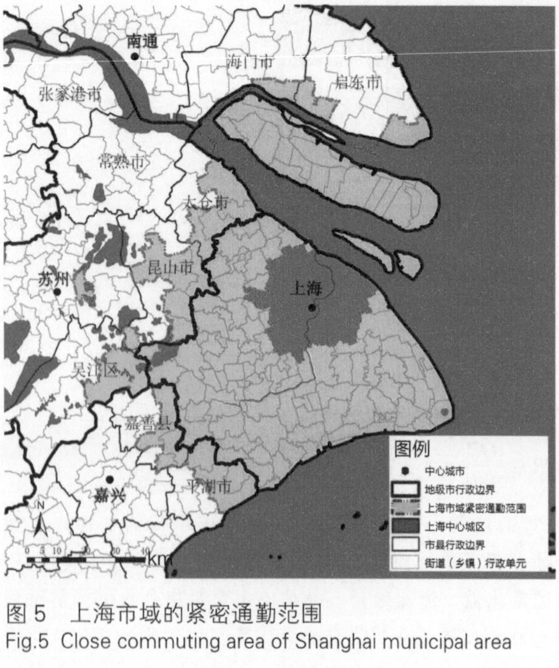

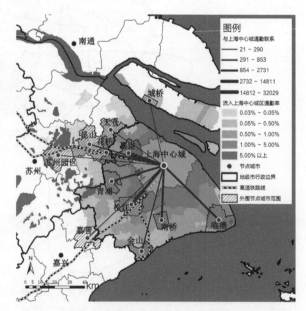

图5 上海市域的紧密通勤范围
Fig.5 Close commuting area of Shanghai municipal area

图6 上海所在巨型城市区域不是简单的圈层结构
Fig.6 The Shanghai mega city area is not a simple circle structure

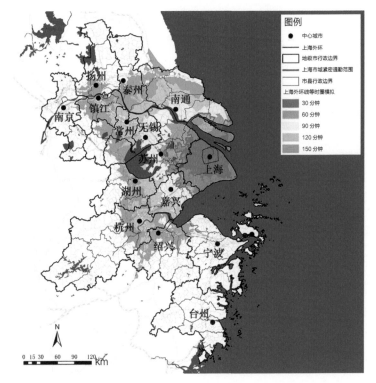

图 7 上海中心城区的交通等时圈
Fig.7 Isochrone map of Shanghai central city

表 1 上海中心城区与外围城市之间流入、流出通勤量
Table 1 Inflow and outflow commutes between Shanghai central city and peripheral towns

外围城市	流入上海中心城区	流出上海中心城区	通勤联系总量	流入 / 流出比
嘉定	21 468	10 561	32 029	2.03
松江	10 760	4 051	14 811	2.66
青浦	1 284	1 447	2 731	0.89
临港	1 468	1 245	2 713	1.18
奉贤南桥	1 062	1 045	2 107	1.02
花桥	1 502	206	1 708	7.29
金山	631	222	853	2.84
昆山	421	82	503	5.13
苏州工业园区	216	74	290	2.92
太仓	85	95	180	0.89
嘉善	17	16	33	1.06
崇明城桥	7	14	21	0.50
总计	38 921	19 058	57 979	2.04

注：表中流入、流出量是测算得到手机用户，仅具有各城市相对比较意义。

从功能联系角度出发，上海所在巨型城市区域不是简单的圈层结构，也不能用简单交通等时圈划分结构。巨型城市区域内的功能联系紧密程度并不能以简单圈层结构进行描述。

2.3 上海所在巨型城市区域已经出现了功能多中心的趋势

城市之间功能联系平衡分配是功能多中心和功能单中心的差异特征，如果中心城市、外围城市之间存在的双向通勤联系，外围城市之间双向通勤联系是显著的平衡，可认为是功能多中心，而显著的不平衡则认为是功能上的单中心（Laan，1998；Burger et al，2011）。Burger 等（2011）由此总结出 4 种典型的城市区域空间结构模式（图 8），其中的内外交互多中心（polycentric exchange）模式就是从中心城市与外围城市同时存在相互双向通勤的模式。

上海市域、上海中心城区的跨城职住空间联系均出现了明显的双向通勤特征。上海能吸引来自市域外周边城市的就业通勤。市域外周边城市也能提供较好的就业机会，吸引来自上海的就业通勤者。

上海中心城区与 7 个上海市域内的新城、5 个市域外的城市均存在明显双向的通勤，流入、流出通勤量之比为 2.04。总体来看，上海中心城区与外围城市之间的双向通勤相对接近，流入通勤大于流出通勤，但差距并不悬殊。这说明了外围城市不仅承接了上海中心城区的居住功能，外围城市自身也具备产业功能，也可以为上

海中心城区提供就业机会。这里面花桥、昆山比较特殊，两者达到了 7.29、5.13，是最为悬殊的比例。说明这两个外围城市对于上海中心城区来说，更多地承担了比较单一的居住功能。

总体上，上海与周边城市之间存在较为显著的双向通勤联系特征，属于内外交互多中心模式。这说明上海所在巨型城市区域已经出现了功能多中心趋势。

2.4 近沪地区发展的差异影响了城市区域的空间结构

跨城功能联系会对城市区域空间结构产生重要影响。在巨型城市区域内城市"居住-工作"等基本功能之间带来的流动超过了传统的城际商务、生产联系带来的流动。

使用手机信令测算上海与周边城市全模式城际出行联系，将其与通勤联系进行比较。上海中心城区与苏州的通勤联系紧密，通勤者数量 3 231 人，上海中心城区与苏州之间总体出行联系也非常紧密，日均出行 58 922 人次（图9）。上海与杭州、上海与嘉兴之间的总体出行联系也非常紧密，日均出行分别为 27 194 人次、13 951 人次，但是通勤联系相对较少。上海与杭州、嘉兴通勤者数量分别为 2 人、148 人。以上均为手机信令测算的手机用户数。这表明上海与苏州之间城际出行联系中，跨城功能联系已经非常显著，相比之下，上海与杭州、嘉兴的关系尚处于以商务、生产联系为主的模式之中。

通过对近沪苏州、杭州、嘉兴的比较，可以发现区域交通体系并不是发生跨城功能联系充分条件，是地区发展特征差异造成了上海与各个近沪城市跨城功能联系的差异。这也影响到了上海巨型城市区域空间结构。

3 上海都市圈规划内容和规划策略的讨论

当前各地编制的都市圈规划，其工作重点一般在中心城市与周边的经济联系，规划内容侧重金融、贸易、航运等生产要素的流动、基础设施的共享。从上海与周边近沪城市的跨城

水平交互多中心　　完全多中心

单中心　　内外交互多中心

图8 四种典型的城市区域空间结构模式示意图 [3]
Fig.8 Four functional typology of the spatial structure of city regions

智能规划

INTELLIGENT PLANNING

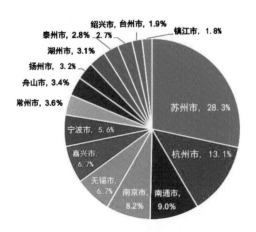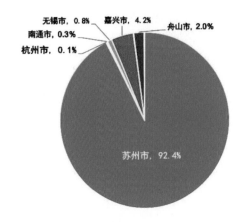

图 9　上海中心城区与长三角城市群核心区 16 市之间的总体出行联系（左）和通勤联系（右）
Fig.9 All travel links (left) and commute links (right) between Shanghai central city and 16 cities in core area of Yangtze River Delta urban agglomeration

功能联系分析了巨型城市区域空间结构的基础上，对上海都市圈规划提出以下建议。

3.1　上海都市圈规划必须以支持功能联系的空间体系为主导

在长三角城市深度融合的趋势下，以跨城通勤为代表的上海与周边城市跨城功能联系会越来越紧密。由此带来了上海都市圈高频跨城功能联系为主体的城际交流空间。为此，在规划内容上，不应简单停留在形态上的"点－轴""中心－边缘"上，也不能以简单的圈层划分上海都市圈的功能。都市圈的规划重点不仅是在形态上，而更应该是在城际流动空间体系上。上海都市圈规划不仅要关注生产要素的流动，更应该关注跨城功能联系，以及相应城市之间交流的空间体系。都市圈规划内容应侧重支持城市之间功能联系交流空间，以及支撑这种交流空间的城际交通体系。

3.2　将企业总部分支联系方法用于上海都市圈规划分析是片面的

在规划方法上，用企业总部分支联系研究城市之间企业关联网络、表征功能流动，发源于全球城市网络的研究，也是目前长三角城市群研究的主流方法（唐子来 等，2010；朱查松 等，2014；程遥 等，2016）。在规划实践和规划研究中，也出现了以企业总部分支联系分析上海都市圈企业功能联系网络，以此作

为都市圈规划依据。当前以跨城通勤为代表的跨城功能联系已经直接影响了上海巨型城市区域空间结构，那么人流出行表示的城市居住、就业、游憩的基本功能联系会逐步成为都市圈内主导功能联系之一。都市圈内部高频的跨城功能联系无法用企业关联进行测算。对上海都市圈内部功能网络分析要采用多种方法。由于城市内部功能联系扩散到了相邻城市之间，用于城市内部空间结构分析方法也能够用于上海都市圈规划分析。在上海都市圈规划中仅使用企业总部分支联系方法的研究方法分析功能联系网络是片面的。

3.3　从城市走向城市区域，构造功能多中心都市圈

虽然从空间形态上，上海中心城区在都市圈中处于一极独大的地位，但是通勤表征的功能联系上，上海都市圈已经出现了功能多中心的趋势。目前在紧密通勤范围界定的巨型城市区域内出现了接近内外交互多中心的特征。从更大范围来看，上海周边存在苏州市区这样的特大城市，本身就是周边地区的就业中心。因此，上海都市圈具备了构建完全多中心的基础条件。在上海与周边近沪城市都进入了存量规划时代，土地使用表征的空间形态可能不再会有明显变化，但是仍可以通过组织都市圈内各个城市产业、城市功能等配置，推动中心城

与周边外围城市之间的功能联系。构建功能多中心应成为上海都市圈规划目标。

3.4 重视支持跨城功能联系的城际快速交通体系

在交通支撑体系上，高铁明显改变了上海与周边城市功能联系。上海及周边近沪城市也在探讨延伸各自城市轨道交通线路，建立更多的跨城地铁线路。我国现有高速铁路系统是用于中长距离客运的干线铁路，不是为了通勤等城际高频出行而设计的。另一方面，城市地铁的运行速度、站距等设置也难以适应城际长距离客运。要支撑都市圈内高频跨城功能联系，不能完全依靠当前高速铁路系统，也不能简单地依靠延长、衔接各个城市的轨道交通线路实现。在高速铁路、轨道交通线路之外，上海都市圈规划要考虑高速城际铁路系统，综合形成支持跨城功能联系的城际快速交通体系。

4 结语

本文以上海与周边城市跨城通勤分析为基础数据，讨论了跨城功能联系对上海都市圈空间结构影响。本文研究表明上海的"居住－工作"城市基本功能开始扩散到城市之间，上海与周边近沪城市已经形成了功能联系紧密的巨型城市区域。对上海城市功能、空间结构的讨论不能局限在上海市域内，需要突破上海市域界限，在巨型城市区域范围内认识上海的城市功能布局、空间结构。在跨城功能联系视角下，上海巨型城市区域的空间结构已经具有了功能多中心的趋势，不能用简单的圈层结构进行度量。

上海都市圈规划要重视城市基本功能跨城流动带来的流动空间体系。上海都市圈规划不仅应关注经济联系、基础设施共享等传统议题上，更应关注跨城功能联系及其对空间结构的影响，以构建功能多中心都市圈为规划目标。上海都市圈规划在规划内容上要纳入跨城功能联系"流动空间体系"；在规划方法上要使用适于跨城功能联系分析的方法；在交通支撑体系上重视支持跨城功能联系的综合快速交通体系。

作者简介：**钮心毅** 同济大学建筑与城市规划学院教授博士生导师；

王 垚 同济大学建筑与城市规划学院博士研究生；

刘嘉伟 同济大学建筑与城市规划学院硕士研究生；

冯永恒 智慧足迹数据科技有限公司工程师。

参考文献

[1] ANAS A, ARNOTT R, SMALL K A. Urban spatial structure[J]. Journal of economic literature, 1998, 36(3): 1426-1464.

[2] BRAND A T. Het stedelijk veld in opkomst: de transformatie van de stad in Nederland gedurende de tweede helft van de twintigste eeuw[M]. Universiteit van Amsterdam, 2002.

[3] BURGER M J, DE GOEI B, VAN DER LAAN L, et al. Heterogeneous development of metropolitan spatial structure: Evidence from commuting patterns in English and Welsh city-regions, 1981-2001[J]. Cities, 2011, 28(2): 160-170.

[4] CHAMPION A G. A changing demographic regime and evolving poly centric urban regions: Consequences for the size, composition and distribution of city populations[J]. Urban Studies, 2001, 38(4): 657-667.

[5] 陈小鸿, 周翔, 乔瑛瑶. 多层次轨道交通网络与多尺度空间协同优化——以上海都市圈为例 [J]. 城市交通, 2017, 15(1): 20-30.

[6] 程遥, 张艺帅, 赵民. 长三角城市群的空间组织特征与规划取向探讨——基于企业联系的实证研究 [J]. 城市规划学刊, 2016(4): 22-29.

[7] 崔功豪. 城市问题就是区域问题——中国城市规划区域观的确立和发展 [J]. 城市规划学刊, 2010(1): 24-28.

[8] DE GOEI B, BURGER M J, VAN OORT F G, et al. Functional polycentrism and urban network development in the Greater South East, United Kingdom: Evidence from commuting patterns, 1981-2001[J]. Regional Studies, 2010, 44(9): 1149-1170.

[9] MEIJERS E J, HOOGERBRUGGE M M, HOLLANDER K. A Strategic Knowledge and Research Agenda on Polycentric Metropolitan Areas[M]. The Hague: European Metropolitan Network Institute, 2012.

[10] GARREAU J. Edge City: Life on the New Frontier[M]. New York: Doubleday, 1991.

[11] 霍尔，佩恩 . 多中心大都市 : 来自欧洲巨型城市区域的经验 [M]. 罗震东，等，译 . 北京 : 中国建筑工业出版社，2010.

[12] JIANG B. Head/Tail breaks: A new classification scheme for data with a heavy-tailed distribution[J]. The Professional Geographer, 2013, 65(3): 482-494.

[13] 金本良嗣，德冈一幸 . 日本の都市圏設定基準 [J]. 応用地域学研究，2002(7), 1-15.

[14] KLOOSTERMAN R C, LAMBREGTS B. Clustering of economic activities in polycentric urban regions: the case of the Randstad[J]. Urban Studies, 2001, 38(4): 717-732.

[15] LIMTANAKOOL N, SCHWANEN T, DIJST M. Developments in the Dutch urban system on the basis of flows[J]. Regional Studies, 2009, 43(2): 179-196.

[16] MEIJERS E, ROMEIN A. Realizing potential: building regional organizing capacity in polycentric urban regions[J]. European Urban and Regional Studies, 2003, 10(2): 173-186.

[17] MEIJERS E. Synergy in Polycentric Urban Regions: Complementarity, Organising Capacity and Critical Mass[M]. Delft: Delft University Press, 2007.

[18] PARR J. The polycentric urban region: a closer inspection[J]. Regional studies, 2004, 38(3): 231-240.

[19] RAIN D. Commuting directionality, a functional measure for metropolitan and nonmetropolitan area standards[J]. Urban Geography,1999, 20(8): 749-767.

[20] SCOTT A J. Globalization and the rise of city-regions[J]. European Planning Studies, 2001, 9(7): 813-826.

[21] 唐子来，赵渺希 . 经济全球化视角下长三角区域的城市体系演化 : 关联网络和价值区段的分析方法 [J]. 城市规划学刊，2010, 1: 29-34.

[22] VAN DER LAAN L. Changing urban systems: an empirical analysis at two spatial levels[J]. Regional studies, 1998, 32(3): 235-247.

[23] VASANEN A. Functional polycentricity: examining metropolitan spatial structure through the connectivity of urban sub-centres[J]. Urban studies, 2012, 49(16): 3627-3644.

[24] 王垚，钮心毅，宋小冬 . "流空间"视角下区域空间结构研究进展 . 国际城市规划 . 2017(6): 27-33.

[25] 吴康，方创琳，赵渺希，等 . 京津城际高速铁路影响下的跨城流动空间特征 [J]. 地理学报，2013, 68(2): 159-174.

[26] 袁家冬，周筠，黄伟 . 我国都市圈理论研究与规划实践中的若干误区 [J]. 地理研究，2006. 25(1): 112-120.

[27] 张京祥，邹军，吴君焰，等 . 论都市圈地域空间的组织 [J]. 城市规划，2001(5): 19-23.

[28] 张萍，张玉鑫 . 上海大都市区空间范围研究 [J]. 城市规划学刊，2013, 4: 27-32.

[29] 郑德高，朱郁郁，陈阳，等 . 上海大都市圈的圈层结构与功能网络研究 [J]. 城市规划学刊，2017 (5): 41-49.

[30] 朱查松，王德，罗震东 . 中心性与控制力 : 长三角城市网络结构的组织特征及演化——企业联系的视角 [J]. 城市规划学刊，2014(4): 24-30.

动态数据空间分析的不确定性问题
——以城市中心识别为例

Uncertainty in Spatial Analysis of Dynamic Data: Identifying City Center

周新刚　乐阳　叶嘉安　王海军　仲腾

摘　要　动态数据在空间分析中存在不确定性问题。以手机定位数据为例来识别城市中心，探索可塑性面积单元问题和不确定的地理情境问题，发现群体活动强度的空间自相关程度受到采样区域划分方式和分析单元大小的影响，地理情境的时空动态变化也会带来不确定的地理情境问题。讨论了减轻不确定性的可能方法。

关键词　不确定的地理情境；可塑性面积单元问题；手机定位数据；空间自相关；核密度估计

动态数据存在空间异质性、时间异质性和时空自相关，在空间分析操作中会带来不确定性问题[1]。手机定位数据作为一种典型的动态数据，从个体活动出发，刻画群体活动模式[2, 3]。然而其空间分析操作中的不确定性问题却少有研究。本文以手机定位数据为例，通过空间分析来识别城市中心，并探索其中的可塑性面积单元问题（modifiable area unit problem，MAUP）和不确定的地理情境问题（uncertain geographic context problem，UGCoP）[2]。

1　实验数据

本文中的手机定位数据是一家主要通信运营商提供的基于基站的周期性位置更新数据，时间为1 d。周期性位置更新数据与手机通话数据的时间分辨率不同。只要手机通信服务正常，为手机提供信号服务的手机基站就会每隔0.5～1 h给手机发送一个信号，所以某个时间段手机基站记录的手机定位数据的总数反映群体活动的密度分布。手机定位数据包括手机用户ID、时间及经纬度要素，手机用户的ID已经经过匿名化处理。基于手机基站位置建立的泰森多边形服务区用来估算手机用户的空间位置。手机基站服务范围的空间分布见图1，包括5 870个基站。

由于手机基站分布不均，根据基站建立的泰森多边形面积差异较大，而且并不是均质分布的，因此，在人口密集或人群活动频繁的地区，泰森多边形面积较小，群体活动密度非常高；而在郊区，手机基站服务范围较大，难以反映局部地区密度分布的细节，可能导致基于基站的分析存在误差甚至错误。选择合适的分析单元是相关研究的基础，也是常常被忽略的一个问题。本文以三种常用的分析单元——基站、交通小区（trafic analysis zone，TAZ）及格网为例，讨论不同分析单元对群体活动密度分布分析的影响，并识别城市中心。

原载于《武汉大学学报·信息科学版》2014 年第 6 期。

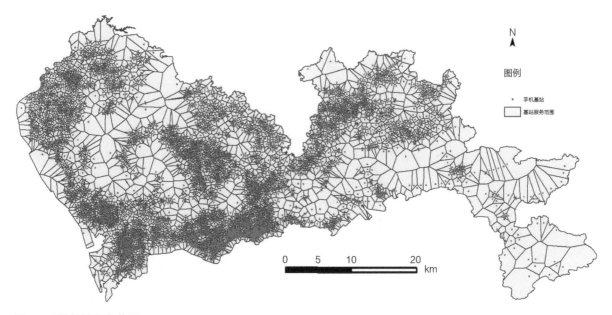

图1　手机基站服务范围
Fig.1　Service areas of mobile phone towers

2　城市中心的识别

城市中心不仅是居民就业活动的中心，也是购物和休闲活动的重要场所。城市中群体活动具有特定的模式，聚集到一定区域形成不同强度的活动中心。

把原始手机定位数据以 h 为单位进行划分，选取不同时间段的手机定位数据进行坐标系转换后，与行政区划数据进行配准。根据手机基站建立泰森多边形后，把群体活动分布聚集到基站服务范围，得到不同时间段的群体活动密度分布。

2.1　以基站为基本分析单元

利用核密度函数[4]将基于基站的活动强度转变为核密度表面，用以识别城市主中心和次中心。搜索半径根据平均综合误差最小确定[5]，选择 5 km 作为搜索半径。把某个上班时间段（10：00-11：00）的手机定位数据聚集到手机基站来估计工作时间群体活动的密度分布，如图2所示。

图2显示了在工作时间，罗湖和福田商务中心（红色部分）是群体活动的主中心，南山、宝安中心区、沙井工业区和龙华（黄色部分）是重要的就业次中心。

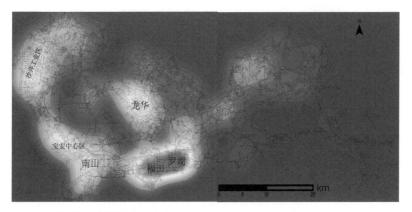

图2　工作时间群体活动密度分布
Fig.2　Residents' activity distributions at working hours

2.2 以交通小区为分析单元

交通小区是研究出行活动最常用的研究单元，把基于手机基站服务范围的群体活动密度分布转化为基于交通小区的活动密度分布，如图 3 所示，包括 491 个交通小区。其中颜色较深的红颜色交通小区是工作时间群体活动密度较高的区域，是城市就业活动中心。

2.3 以格网为分析单元

为了保证分析单元的大小和形状一致，选择 2 km 格网作为分析单元研究群体活动的密度分布，如图 4 所示，共有 496 个格网，与 TAZ 平均面积接近。从绿色到红色区域，群体活动密度分布逐级递增，城市中心区的活动密度高于郊区。

2.4 不同分析单元的结果比较

以交通小区和格网为分析单元得到的城市中心总体上与基于基站服务范围核密度估计的城市中心基本一致。但是城市中心在范围大小和识别方法上有不确定性，如果对于群体活动密度分布的空间关系（如空间自相关）作进一步分析，就会发现截然不同的结果。

3 空间自相关分析的可塑性面积单元问题

根据邻里效应，群体活动强度不仅取决于该区域的土地利用，而且受到周边环境的影响，在空间上具有一定的相关性。空间自相关分析[6] 可以反映地理要素体现出来的空间格局是

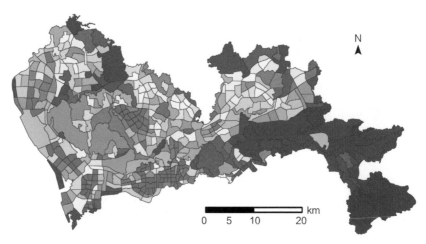

图 3 基于交通小区的群体活动密度分布
Fig.3 Activity density distribution based on TAZ

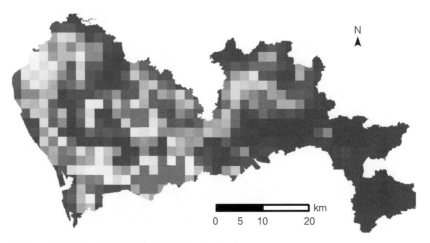

图 4 基于格网的群体活动密度分布（2 km）
Fig.4 Activity density distribution based on grids（2 km）

集聚、离散还是随机[7]。

（1）以交通小区为分析单元，利用ArcGIS10.1中的全局空间自相关分析模块，计算群体活动密度分布的全局Moran's I指数。考虑到群体活动密度分布的距离衰减模型[4]，以反距离作为空间关系的概念化方法。选择不同的查找距离进行全局空间自相关分析，得到多组Moran's I指数和显著性检验统计量Z-score。Moran's I指数均大于0，而指数Z-score远大于临界值1.96（显著性检验水平为5%），因此整体上群体活动密度分布呈现显著的正空间自相关。为了找出就业活动的"热点"和"冷点"区域，进一步进行Anselin局部空间自相关分析，结果如图5所示。可见，罗湖商务区

和福田商务区表现出很强的"高-高"关联模式，是群体活动的热点区域。大部分中心区以外的群体活动密度分布为不显著自相关。

（2）为了保证分析单元大小和形状一致，选择2 km格网作为分析单元进行空间自相关分析，结果如图6所示，可见与基于交通小区的分析结果（图5）大为不同。

为了比较格网大小对群体活动密度的影响，选择1 km格网作为分析单元研究群体活动密度分布，如图7所示，共有1 984个千米格网。

（3）进行Anselin局部空间自相关分析，结果如图8所示。其中"高-高"关联模式的区域（红色部分）是群体就业活动的热点区域，与图6略有差异。

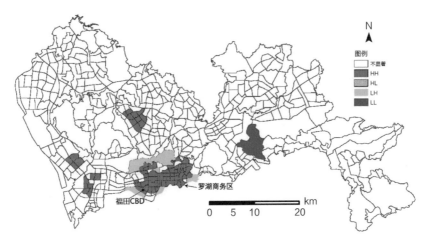

图5　局部自相关分析结果（交通小区）
Fig.5　Result of Local Autocorrelation (TAZ)

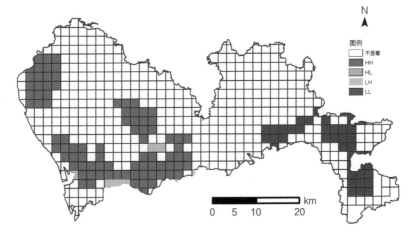

图6　局部自相关分析结果（2 km）
Fig.6　Result of Local Autocorrelation（2 km）

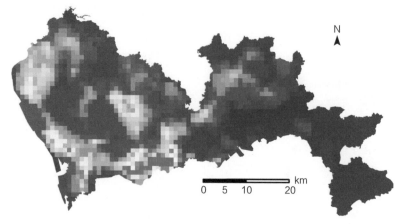

图 7　基于格网的群体活动密度分布（1 km）
Fig.7 Activity density distribution based on grids (1 km)

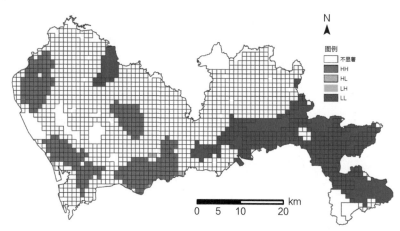

图 8　局部自相关分析结果（1 km）
Fig.8 Result of Local Autocorrelation (1 km)

以上结果表明，群体活动强度的空间自相关程度受到采样区域划分方式和分析单元大小的影响。这是一个典型的可塑性面积单元问题[8]，即空间分析结果的有效性随基本面积单元定义的不同而发生变化，这是产生空间分析结果不确定性的原因之一。所以，选择何种分析单元最能反映真实情况在当前大数据时代是一个更加值得关注的问题。必要时，需要利用多种源数据，综合分析多种尺度和划分方法，以减少MAUP带来的不确定性、误差甚至错误解读。

4　城市中心识别的地理情境不确定性问题

即使克服了 MAUP 问题，所划分区域内地理情境变量的变化，也会带来不确定问题。

仍以城市中心识别为例，中心区的范围除了受到分析单元的划分和尺度的影响，还会受到分析单元内人群活动和社会经济等因子变化的影响。Kwan 将此问题定义为 UGCoP[9]，即地理环境不确定性和情景的不确定性问题。

笔者认为，表述为地理情境的不确定性问题也许更为恰当。因为"context"是指地理分析单元内的与人类移动和行为相关的变量，既反映了地理单元的地理和物理环境，也包含了人类活动相关的因素。计算机领域将"context-aware computing"翻译为"情境（情景）感知计算"，因为"情境（context）是由人在何处，在何时，做（doing）了什么，所组成的"[10]。

由于受到时间、空间以及行为等因素的影

响，这些人类活动相关的变量具有显著的时空可变性，使得研究单元的情境和内容也具有了不确定性。以城市中心的识别为例，区域内的多数人群不是处于静止状态的，人群的移动直接影响到区域的活动强度。一些区域是全天活跃状态，一些是白天活跃，另一些可能只是晚上。如图 9 所示为工作时间段（10：00-11：00）和晚上睡觉时间段（4：00-5：00）的手机定位数据聚集到手机基站用核密度估计的居民分布密度图，可见分析区域内地理情境（群体活动强度）的昼夜变化。在晚上睡觉时间，居民分布较分散，到上班时间聚集到城市中心，所以城市活动中心的界线也是随时间变化的。

选择典型主中心（华强北）和次中心（科技园）比较在不同时间段的群体活动强度，其空间位置如图 10 所示。分别计算并比较华强北和科技园在不同时间段的活动强度分布，如图 11 所示。

由图 11 可见，华强北的活动密度分布比科技园高很多，而且会随时间变化。华强北的群体活动密度分布呈"M"状，上午工作时间段活动强度迅速增加，中午下降后下午又达到很高的活动强度，峰值接近 10^4 人 /km^2。这是因为华强北商业、办公和居住的混合度、开发强度很高。在工作时间，大量的工作人员聚集从事就业活动，下班后仍然有很多人进行购物、休闲等活动。科技园的群体活动密度分布在工作时间变化较平缓，比华强北的活动密度小很多，昼夜变化没有华强北显著，因为科技园以写字楼为主。所以，如果研究城市中心的范围

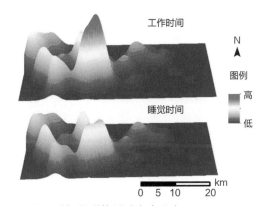

图 9 不同时间段群体活动密度分布
Fig.9 Activity density distributions at different periods

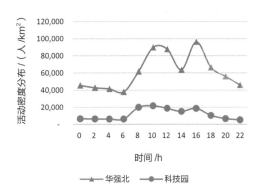

图 11 活动强度随时间变化
Fig.11 Activity density varies with time

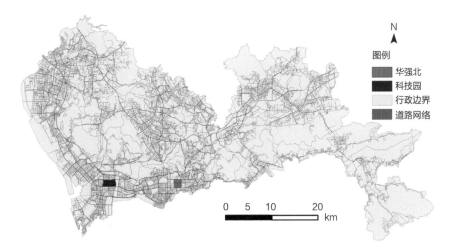

图 10 典型主中心和次中心（华强北和科技园）
Fig.10 Typical center and sub-centers (Huaqiangbei and Science Park)

划分是以全天活动强度的平均值来衡量的，则华强北的主中心地位和科技园的次中心地位区别将大为缩小。

这个地理情境的不确定性问题在城市中心区的识别上较为简单，但是涉及其他对地理情境更为敏感的空间分析领域，地理情境变量的选择和动态变化所带来的不确定性是不容忽视的[11]。

5 结语

本文以手机定位数据为例识别城市中心，探索动态数据空间分析中存在的不确定性问题。

（1）群体活动强度的空间自相关程度受到可塑性面积单元问题的影响。选择不同的区划方式和分析单元大小会得到不同的空间分析结果。所以在利用动态数据进行空间分析时，需要综合比较多种区划方式和分析单元，以减少MAUP带来的不确定性。

（2）除了MAUP问题，地理情境的时空动态变化也会给动态数据的空间分析带来不确定的地理情境问题。城市中心的活动强度在不同时间的密度分布差异很大，而且受到邻里效应的影响。所以城市中心的识别会受到地理情境变量的选择和动态变化的影响，存在不确定的地理情境问题。有必要利用多源时空数据对个体活动空间进行时空分析，以减轻不确定的地理情境问题给宏观动态数据分析带来的不确定性。

作者简介：**周新刚** 同济大学建筑与城市规划学院城市规划系助理教授、硕士生导师，香港大学城市规划及设计系博士、博士后。

乐　阳 深圳大学建筑与城市规划学院教授；

叶嘉安 中国科学院院士，香港大学城市规划与设计系教授；

王海军 武汉大学资源与环境科学学院教授；

仲　腾 南京师范大学地理科学学院助理教授。

参考文献

[1] 史文中，陈江平，詹庆明，等. 可靠性空间分析初探 [J]. 武汉大学学报：信息科学版，2012, 37(008): 883-887.

[2] 龙瀛，沈振江，毛其智. 城市系统微观模拟中的个体数据获取新方法 [J]. 地理学报，2011, 66(3): 416-126.

[3] 刘瑜，肖昱，高松，等. 基于位置感知设备的人类移动研究综述 [J]. 地理与地理信息科学，2011, 27(4): 8-13.

[4] WANG F, GULDMANN J M. Simulating Urban Population Density with a Gravity-based Model[J]. Socio-economic Planning Sciences, 1996, 30(4): 245-256.

[5] WAND M, JONES M, Smoothing K. Monographs on Statistics and Applied Probability[M]. Florida: Chapman&Hall/CRC, 1995.

[6] GOODCHILD M F. Spatial Autocorrelation (CATMOG47)[M]. Norwich: Geo Books, 1986.

[7] 王汉东，乐阳，李宇光，等. 城市商业服务设施吸引力的空间相关性分析 [J]. 武汉大学学报：信息科学版，2011, 36(9): 1102-1106.

[8] OPENSHAW S. The Modifiable Areal Unit Problem, Concepts and Techniques in Modern Geography[M]. Norwick: Geo Books, 1984.

[9] KWAN M P. The Uncertain Geographic Context Problem[J]. Annals of the Association of American Geographers, 2012, 102(5): 958-968.

[10] ERICKSON F, SHULTZ J. When is a Context? Some issues and methods in the analysis of social competence[M]//Green J L, Wallat C, Martin W B W. Ethnography and Language in Educational Settings. Norwood, NJ: Ablex Publishing, 1981: 147-160.

[11] KWAN M P. How GIS can help address the uncertain geographic context problem in social science research[J]. Annals of GIS, 2012, 18(4): 245-255.

第三章　大数据与时空活动

CHAPTER 3　BIG DATA AND SPACE-TIME ACTIVITIES

城市居民空间活动研究中大数据与复杂性理论的融合
The Integration of Big Data and Complexity Theory in the Study of Residents' Activity Space

杨东援

摘　要　城市交通领域中对策体系多维拓展，迫切需要研究的系统演化不确定性，以及信息化建设所产生的数据资源，成为导入复杂性理论与大数据分析技术的催化剂。将数据资源转化为决策能力，进而提升行动效果，是应用导向的路径。围绕"证-析"的感知、认知和洞察，成为围绕复杂性大数据分析的主要技术环节。对此的讨论，展示了以城市交通为背景的居民空间活动研究中一个处于探索中的研究框架。

关键词　空间活动；复杂性；大数据；决策支持

随着快速城镇化、机动化和社会进步，城市居民空间活动研究已经超越了单纯的交通范畴。城市规划研究从"位空间"向"流空间"的关注转移，交通服务从保障"交通量"向构建"空间组织关系"转型，更多的企业、社会组织和资本加入城市空间改造和交通运输服务领域所带来的模式变化，加之公众需求多样化发展，使得城市居民空间活动变得复杂甚至陌生。面对挑战，城市交通规划、管理和治理行动要求更加深入地了解研究对象，传统理论已经难以应对新的决策分析需求。

1　动力——挑战与压力呼唤理论与技术的变革

在城市交通领域导入复杂性理论和大数据分析技术，通过两者融合推动学科变革，并非单纯理论逻辑的延伸，而是有着深刻现实需求的拉动。

1.1　交通规划问题延展带来的多维一体分析要求

近年来城市交通规划中对问题的研究，呈现出更加综合的发展趋势。以欧盟于 2014 年发布了《可持续城市机动性规划（sustainable urban mobility plan，SUMP）导则》（ELTIS，2014）为例，在规划视角、基本目标导向、规划流程与方法等方面均与传统交通规划呈现巨大的差异（表 1），反映出一种多视角研判的要求。

"多维一体"的决策模式要求分析视野超越单纯的交通流量讨论。居民空间活动模式与城市建成环境之间的相互作用，交通条件对居民参与各种社会活动能力的贡献和制约，新型交通服务模式对居民空间活动的影响，在诸如此类的分析需求面前，建立在 OD 概念基础之上的传统网络流分析理论显得力不从心，基于行为与活动的交通模型也难以适应大规模空间活动分析要求。

原载于《城市规划学刊》2017 年第 2 期，本文根据作者在 2016 年 10 月"第 13 届中国城市规划学科发展论坛"上的演讲整理而成。

表 1　欧盟可持续城市机动性规划与传统交通规划的特点对比
Table 1　Comparison between SUMP and traditional transport planning

项目	传统交通规划	可持续城市机动性规划
规划关注点	交通（traffic）	人的出行（people）
规划目标	交通流通行能力与移动速度	可达性与生活品质，同时注重可持续性、经济活力、社会公平、公众健康和环境质量
规划思想	分方式的独立系统	不同交通方式协同发展，并向更清洁、更可持续的交通方式演变
规划成果	基础设施建设导向	一系列整合行动计划，形成成本－效益高的解决方案
	行业内部的规划报告	与相关行业（如土地利用和空间规划、公共服务体系规划、公众健康规划等）整合、互补的规划报告
	中短期实施规划	与长远目标、战略相协同的中短期实施规划
规划编制	交通工程师	多学科背景构成的规划团队
	精英规划	与相关利益团体（stakeholders）一同实施透明、参与式规划
规划效果评估与调整	有限的效果评估	定期的规划效果评估与监督，适时启动规划完善程序

1.2　直面城市交通演化的不确定性

我国城市的快速发展不断突破规划预测，资本参与也不断改变城市交通服务模式，发展过程中日益凸显的不确定性促使规划研究者反思其研究范式。我们一直努力"准确"预测未来，力图消除规划所面对的不确定性，却不得不承认未来并非能够准确预测；我们一直热衷于绘制未来蓝图，却不得不面对因丧失过程控制导致蓝图成为空中楼阁的威胁。

城市交通演化的不确定性有其特殊的致因，涉及社会系统和复杂适应系统两大内涵。

城市交通是社会系统。不同于物理系统中思想不会通过主观能动性改变／干扰自然界内在的规律，社会系统的管理者和决策者根据局限性的认知采取行动（既有正确的，也有错误的），通过系统内复杂关联产生响应，在很多情况下所导致的结果并不完全符合决策者最初的预判。也就是说，系统调控者本身处于系统演化的闭环之内，自身不断发现新问题和获取新认识的能力对系统演化产生重要影响。

城市交通又属于复杂适应系统（霍兰，2011），系统中行为主体（交通参与者、交通服务提供者和管理者）的适应性是产生复杂性的重要机制。具有自身的目的性和主动性的行为主体与环境及其他主体发生交互作用，在交互过程中不断地进行"学习"和"积累经验"，并且相应改变自身的结构和行为方式。主体的主动性和交互作用在改变自身的同时也改变着环境，是系统发展和进化的基本动力机制。作为城市交通决策理论基础的空间行为分析，必须高度关注新层次的产生、分化和多样性的出现，以及新的聚合所形成的更大的主体等。

1.3　技术环境变化逐步创造条件

尽管复杂性理论很早就受到城市交通领域研究者的关注，但是由于缺乏对研究对象大规模、整体性和持续性的观察手段，加上由于道德等原因难以像理工科那样实施验证理论推断的受控实验，因此很长时间以来并没有对相关学科产生革命性影响。近年来伴随互联网、信息技术等的发展应用，城市交通研究的潜在技术环境发生了巨大的变化，正在逐步形成如图1所示的城市空间活动观测体系。

正是由于需求变化、相关基础理论的成熟和技术环境的逐步完善，使得在城市空间活动分析中展开大数据与复杂性理论融合的相关研究变得水到渠成。

2 承载——变革中的城市交通对策体系

空间活动行为分析是支撑城市交通对策研究的基础理论，变革中的城市交通对策体系为其提供了技术承载平台。

2.1 目标导向的对策体系框架

从"管理"走向"治理"，从制定蓝图规划走向围绕机动化的过程调控，城市交通的对策体系逐步发生深刻的变革（图2）。城市交通社会治理的制度安排决定了各种行为主体的利益诉求及相应的行为模式，共识基础上的目标确定了要素结构体系，政策杠杆则用来撬动既有系统向目标系统的转化。

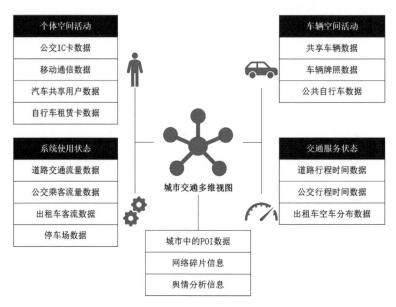

图1 城市空间活动观测体系
Fig.1 The observation system of urban space activity

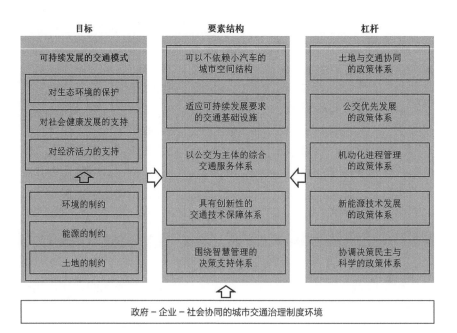

图2 目标导向的城市交通对策体系
Fig.2 Objective-oriented urban transport strategies

在这一框架体系内，城市交通系统中各种行为主体的行为模式转化分析变得尤为重要。要求决策支持技术不仅需要判断沿既定轨迹的发展，也需要识别和判断促使杠杆撬动对发展趋势变化的影响。

2.2 系统监测与演化态势掌控

新对策体系对于"过程"的强调，促使系统监测和态势识别被提升到与预测同等的技术地位。决策过程中的核心任务不再局限于不断修正对未来的预测，而是不断地监测系统的演化过程，及时掌握演化态势，不断修正认识、总结经验，适时对城市交通系统实施战略调控。

针对城市交通所具有的复杂适应系统特点，系统监测包括个体行为演化、群体行为演化、背景环境变化和系统状态演化等多方面的内容。所依托的信息资源既包括各种大数据资源、仿真实验结果，也需要不断在把握全局结构基础上组织专项深化调查。

为了有效地将数据组织成为信息以支持系统演化监测，需要构建一个面向研究者的数据视图。所谓数据视图是将不同来源的数据中提取的信息，组织成为研究者能够理解的图标。图 3 所显示的数据视图功能模型结构说明，数据视图通过问题识别、度量设计将数据组织成为信息，通过构建证据链对决策判断提供支持，并通过有效性评估推动，启动协调进化机制来更新数据视图。

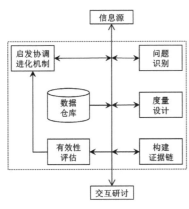

图 3 城市交通系统监测的数据视图功能模型
Fig.3 Data view function model of urban traffic system in detection

2.3 基于"适时响应"模式的城市交通战略调控

现有的城市交通对策包括两方面基本工作：其一是针对未来进行滚动预测，从而不断修正交通系统发展蓝图，并通过交通基础设施、公交服务系统等建设来满足发展需求；其二是针对紧迫性问题，采用管理规制和交通组织等应急对策来缓解矛盾。两者之间缺少有机联系，导致难以摆脱"被动适应"局面，强调主动引导和滚动实施的城市交通战略调控开始提上日程。

在城市交通战略调控中需要引入"适时响应"模式，意味着在合适的时间和地点，针对恰当的对象，采用合理对策的过程控制。与传统对策模式相悖，"适时响应"对策模式承认不能排除全部不确定性，强调针对远期目标，不断发现新问题，不断调整政府工作内容，对城市交通演化过程施加影响，促使其沿着可持续发展的轨道不断逼近未来目标。

"适时响应"需要面对管理工作惯性、利益冲突和认识不统一等多方面的障碍。回顾历史，不难看到许多对策往往因为管理者缺乏预见性、政府的短期行为、决策群体难以被说服，以及局限于传统经验的预测等，错失最佳作用时机。为此，针对"适时响应"模式的技术支持包括正确地提出问题、增强证据说服力、提升对应"决策窗口"开启的快速响应能力等。

3 创新——复杂性理论导引下的大数据分析

大数据分析所提供的广谱观察能力是城市交通领域导入复杂性理论的关键。正因如此，需要对城市交通领域中的大数据技术应用形成系统性理解。

对于将城市交通视为复杂适应系统的战略调控技术来说，大数据绝非大的"数据"，更非单纯支持模型构建的数据输入，而是一种将数据资源转化为决策能力，进而提升行动效果的"证-析"技术。所谓"证-析"，一方面强调判断和决策中的证据，尤其是数字化的具象证据，以求增加判断与决策的权威性和说服力；另一方面强调通过证据产生洞察，而不是让复杂的数学模型剥夺思考能力，且避免表象的数字迷惑判断能力。围绕"证-析"主线展开的大数据分析，包含感知、认知和洞察三个关键技术环节（杨东援，2016）。

3.1 对研究对象的全息感知

通过大数据对城市交通的感知，是一个将数据组织成为信息的度量体系构建过程。数据是度量的基础，但是数据不等于度量。为了防止度量指标缺陷可能导致的偏颇、歪曲、有缺陷的判断结论，需要尽可能完整且层次丰富地构建相关感知指标，所涉及的问题包括观察角度、度量方法、测度抉择等环节，所获取的信息内容则包括原始特征、一阶特征和高阶特征等。

以通过移动通信信令数据为例，其观察角度包括居民活动空间分布、居民空间活动活跃度等，构成一个多维属性体系；度量方法包括直接指标统计特征、分类或聚类后的类别属性特征、降维提取的特征矩阵、随机矩阵的特征值及特征向量等；测度选择则需要经数据采用合适的方式和粒度，浓缩为易于理解的信息（程小云，2014）。

从移动通信数据中获取的原始特征主要是时空位置点，包含信息点（产生信令时的时空位置）、活动点（在空间停留并完成某种活动的位置）、驻点个体（经常访问的空间位置）等。一阶特征中表达了我们所关注的个体属性，例如空间活动强度、空间活动范围、空间活动随机性等，其中的部分属性需要通过活动特征加以推断，根据个体在工作时间内离家活动的时间和位置稳定性推断是否为就业者，根据个体非工作日经常活动的区域推断其经济能力水平等。高阶特征则围绕模式识别而展开，例如表征个体空间活动范围和强度的活动模式，表达个体一天内活动特征的出行链模式等。

探寻能够深入刻画个体和系统行为的高阶特征，是感知环节中重要的研究内容。

Schneider等（2013）提出根据出行链特征划分居民日活动模式类别的方法，在对巴黎、芝加哥的移动通信和交通调查数据的研究中发现，17种类型的活动链可以涵括90%以上个体的空间活动特点。在对上海轨道7号线沿线居住在不同圈层区位的顾村、大华、静安社区移动通信用户分析中，共得到25种出行链，可以覆盖96%的居民日出行模式（Duan，2017）（图4）。

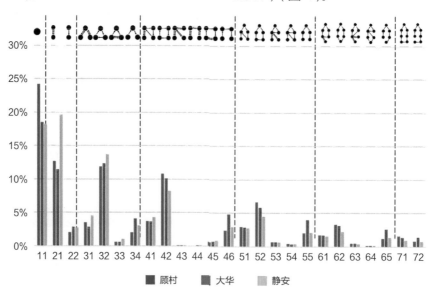

图 4 上海市顾村、大华和静安社区居民的活动链类型分布
Fig.4 Proportion of different daily trip chains of residents in Gucun, Dahua and Jing'an
注：横坐标为类型编码，出行链编号 ij 表示该出行链有 i 个活动点，j 表示链接方式序号。

获取高阶特征时的一个重要问题是对连续观测数据所形成时间上高维空间样本的简化方法。基于兴趣值（表征个体的活动点访问频率和停留时间的联合作用）提取个体经常活动区域信息，为个体空间活动模式提供了一种新的类别划分方法（宋少飞，2016）。对空间分布矩阵的降维分析，则将数十天连续观测所获得的高维空间样本通过线性或非线性方法映射到低维空间，从而获得一个原数据集紧致的低维表达。对上海市轨道交通数据所进行的技术验证，将一个月的日 OD 矩阵分解成为一个低秩矩阵＋稀疏矩阵＋随机矩阵的组合结构。其中，低秩矩阵反映了具有普遍性特征的特征矩阵，即大多数 OD 均可以通过一个转换系数与特征矩阵建立联系；稀疏矩阵说明了一些（时间或者空间上的）局部影响所造成的空间分布变异，例如节假日的影响、轨道交通因事故中断运行等；随机矩阵则反映出随机性扰动的作用。

3.2 宏微观融合的机理认知

由于城市交通决策具有很强的后效影响，因此相关决策不能完全忽略"因果"，这成为交通大数据分析的特殊难点。

借助社会学中宏微观融合研究方法成果（Lieberman，2005），以大样本统计分析为主，并辅之以单个或多个案例展开深入调查的嵌套分析策略（nested analysis），为因果推论提供一条可行的研究途径。该方法强调定性分析和定量分析共同的推理逻辑，将这两种因果推理分析模式和策略相互补充，有助于克服可能的偏差来源，辨别出小样本分析和大样本分析单独运作可能产生的虚假结果。图 5 给出了一个在 Evan Lieberman 成果基础上少量改进，用于城市交通决策分析的分析模板，将大数据分析技术与传统的模型、仿真等技术融合，以支持相关的问题判断和规律发现。

为实现这一模板所需的关键性技术是宏观态势数据与微观调查数据的链接，通过空间活动链路匹配等手段，已经取得初步突破（孙世超，2017）。

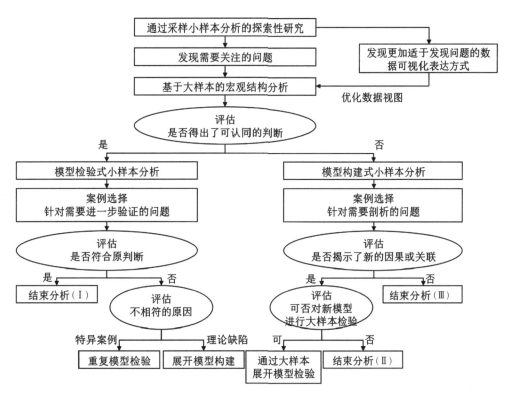

图 5　宏观与微观嵌套技术分析流程
Fig.5 Overview of the nested analysis approach

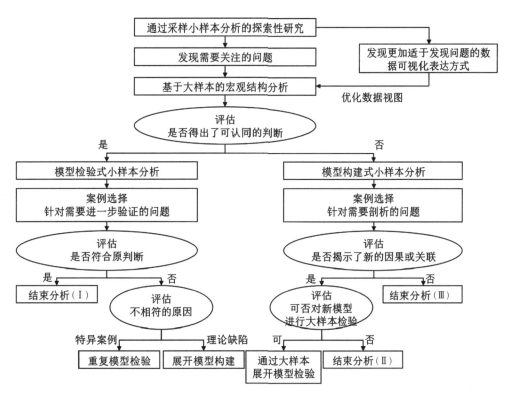

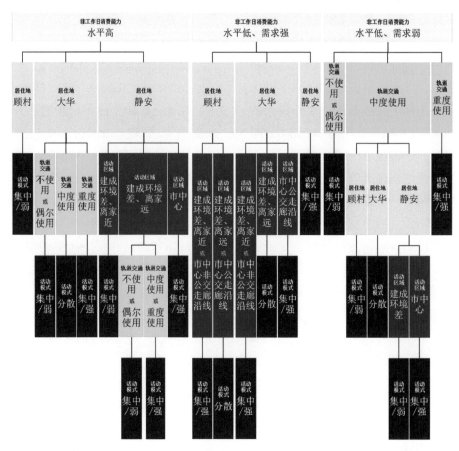

图 6　基于决策树 C5.0 对上海市三个社区居民空间活动与影响因素的关联分析结果
Fig.6　Correlation analysis of the impact factors of residents's pace activity based on C5.0 model

实际研究中对这一引导性模板并非简单套用，根据实际问题会进行适当调整。以空间活动可预测性研究为例，就演变成为通过类别划分逐步聚焦问题的过程。针对个体的节假日活动区域消费水平、居住社区、经常活动区域的特征、轨道交通使用特征等与工作日空间活动模式（区域集中 – 活跃度弱、区域集中 – 活跃度强、区域分散 – 活跃度强）的关系，基于关联分析获得族群划分如图 6 所示。不同社区三种活动模式中占有明显比例的族群称为典型族群。

对三个社区三种空间活动模式人群中典型族群，采用兼顾考虑个体访问地点概率与访问顺序的真实熵（Song，2010）计算个体空间活动的可预测性，获得如图 7 所示的分析结果。对空间活动随机性的深入分析，可以聚焦于少数族群的深入问卷调查。

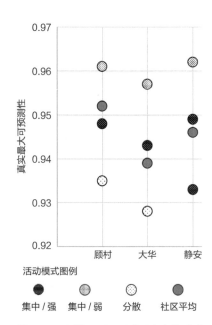

图 7　三个社区不同空间活动模式中典型族群的最大可预测性
Fig.7　The maximum predictability of the typical clusters

3.3 通过"涌现"研究实现对演化的洞察

近年来打车软件、网约车、共享单车等新型服务模式的出现，以及政府管理在面对这些新模式时的应对失策，告诫我们不能局限于遵循现有轨迹的发展预测，而是需要增强对未来变化的洞察。

城市交通之所以被称为复杂适应系统特征，是由于其涉及综合交通网络、服务体系、城市建成环境、信息和参与者心理等多个维度间复杂的关联，建立在还原论基础上的传统理论，运用抽象思维得出的包含过多假设的片断性知识，面对系统演化的复杂性只能发挥有限作用。研究者开始在数量关系格局的层次上，不再单纯追求事物变化的因变量与自变量之间的因果性，转而关注整体性格局的变化。交通大数据分析技术正在摸索一种连续考察若干并列概念的数量关系格局及其变化，以及找出这若干并列概念相互影响、共同变化的规律性思维过程。

顺应这种需求的研究关注很自然地转向复杂系统的涌现（霍兰，2006）特征及其发生机制。通常认为，涌现是指复杂系统在自组织过程中新结构、新属性的出现，一般将涌现理解为"因局部组分之间的交互而产生系统全局行为"（Balch，2000）或"缘起于微观的宏观效应"（Liu，2007），而这些宏观全局行为或特征是微观组分所不具有的，只能通过整体体现出来（金世尧 等，2008）。

在居民空间活动研究中，对于涌现的观察首先是在各种"点事件"的时空集聚上展开，在空间结构中就业中心及其影响范围的研究等就是这方面的典型代表。进一步的研究工作正在基于模式类型空间集聚而展开，对于居住社区为单位的居民的空间活动点/驻点集计分布模式的集聚特征研究，对于轨道交通使用模式的集聚特征研究，某种弱势类型个体的空间集聚研究等，均属于在涌现观察方面的工作。

涌现观察基础上的洞察，要求分析者超越经验、超越常规的认识。尽管这种认识能力显得琢磨不定，但是克莱因仍然给出了一些获得洞察力的路径（克莱因，2014），构建了一个由三条道路构成的模型。

通过涌现观察获得系统演化的洞察力，理论逻辑和直觉判断均显示其价值，但是整体研究尚处于起步阶段，交通手段拥有模式与使用模式变化所带来的居民空间行为变化，城市交通领域资本介入导致的服务模式快速更新，为基于涌现的洞察提供了素材，但是真正的突破还有待进一步努力。

4 结束语

大数据和复杂性理论正在推动相关学科的变革。尽管这种变革处于一种渐进式的探索过程之中，但是现实需求拉动和技术发展推动已经将其逐步推入学科"蜕变"的阶段。在城市交通领域，正在实现一个逐步完善的经验积累过程。对于移动通信数据、公交IC卡数据、定点检测器数据、车载GPS数据等诸多方面空间行为特征提取研究，已经跨过了初期"躁动"，走向成熟；基于大数据的归因分析、证据的决策判断等，初步成果使得研究技术路线日趋明朗；基于大数据的涌现观察与机制研究，已经提上研究日程并引发积极的尝试。这一切均预示针对具有复杂适应特征的城市交通系统研究，正在经历一个从量变到质变的过程。

作者简介：**杨东援** 博士，同济大学原副校长、教授、博士生导师。

参考文献

[1] BALCH T. Hierarchic social entropy: an information theoretic measure of robot group diversity[J]. Autonomous Robots, 2000, 8(3): 209-238.

[2] 程小云. 基于移动通信数据的城市居民活动特征及其分类研究[D]. 上海: 同济大学, 2014.

[3] DUAN Z Y, WANG C, ZHANG H M, et al. Understanding the stability of individual travel patterns based on longitudinal mobile phone data[R]. 96th Annual Meeting of the Transportation Research Board, Washington, D.C. 2017.

[4] 霍兰 . 隐秩序：适应性造就复杂性 [M]. 周晓牧，韩晖，译 . 上海：上海科技教育出版社，2011.

[5] 霍兰 . 涌现：从混沌到有序 [M]. 陈禹，等，译 . 上海：上海科学技术出版社，2006.

[6] 金世尧，黄红兵，范高俊 . 面向涌现的多 Agent 系统研究及其进展 [J]. 计算机学报，2008, 31(6): 881-895.

[7] 克莱因 . 洞察力的秘密 [M]. 邓力，鞠玮婕，译 . 北京：中信出版社，2014.

[8] LIEBERMAN E S. Nested analysis as a mixed-method strategy for comparative research[J]. American Political Science Review, 2005, 99(3): 435-452.

[9] HONGBO L, AJITH A, MAURICE C. Chaotic daynamic characteristics in swarm intelligence. Applied Soft-Computing, 2007, 7(3): 1019-1026.

[10] SCHNEIDER C M, BELIK V, COURONN É T, et al. Unravelling daily human mobility motifs[J]. Journal of The Royal Society Interface, 2013, 10(84): 20130246.

[11] SONG C, QU Z, BLUMM N, et al. Limits of predictability in human mobility[J]. Science, 2010, 327(5968): 1018-1021.

[12] 宋少飞 . 基于移动通信数据的居民活动空间分析方法研究 [D]. 上海：同济大学，2016.

[13] 孙世超 . 通勤人群公交方式使用行为分析方法研究 [D]. 上海：同济大学，2017.

[14] The European Local Transport Information Service (ELTIS). Guidelines: developing and implementing a sustainable urban mobility plan[R]. 2014.

[15] 杨东援 . 大数据环境下城市交通分析技术 [M]. 上海：同济大学出版社，2016.

上海市人口分布与空间活动的动态特征研究
——基于手机信令数据的探索 *

Dynamic Characteristics of Shanghai's Population Distribution Using Cell Phone Signaling Data

钟炜菁　王德　谢栋灿　晏龙旭

摘　要　对城市人口空间分布的动态把握是了解人口活动规律、认识城市空间结构、配置城市基础设施和公共服务设施、制订城市公共安全应急保障方案的重要依据。由于目前国内缺少系统的人口动态变化统计数据，城市内部层面的人口空间分布和活动的动态特征方面的相关研究难以开展，研究成果较为有限。移动电话是目前普及率最高的通信终端设备，其用户的动态分布信息可以准确地反映整个城市人口的空间分布与活动的动态特征。利用手机信令数据，以上海市为例，构建"人口－时间－行为"关系的人口空间动态分析框架，分析上海市人口分布和活动的动态特征。结果表明：上海整体人口密度呈单中心的圈层空间分布结构，昼夜空间分布经历"白天向中心集聚、夜晚向郊区分散"的流动过程；人的各类活动（如通勤、消费休闲）会产生人口空间分布的动态变化，职住关系的不匹配和活动对中心的高度依赖使得人口的空间分布不均，形成向心流动模式。消费休闲行为对中心城区的依赖度明显高于就业活动，且集中体现在紧邻中心城区的外围近郊呈圈层分布。

关键词　手机信令数据；昼夜人口；居住与就业；土地利用强度；上海

人口空间动态分布是人口地理学研究的重要领域。已有众多国内外学者对人口的空间动态分布进行估算预测[1]，分析人口的时空分布格局[2]、演变的内在作用机制，以及对人口分布与产业、用地等相关要素之间的耦合关系展开研究[3, 4]，取得了丰硕研究成果。然而，由于数据获取困难，如普遍缺少昼夜人口的直接统计数据，对半年以下的暂住人口很少涉及，人口地理空间数据库的建设更是匮乏。因此，已有研究的研究尺度主要集中于区域[5]、省际[6]或市县域[1, 2]的人口动态分布，时间单位多以年为尺度[7]，在更小空间尺度的城市内部层面、更小时间单位的昼夜间人口时空变化分布格局的研究成果有限。已有的相关研究也主要基于人口普查等统计数据、人流量观测统计数据[8, 9]、O-D矩阵[10]、交通调查数据[11]、高分辨率遥感数据[12]等进行人口空间动态分布的估算和展示[13-16]，更未能实现对个体行为角度进行集计，进而深入分析人口空间动态分布的行为动因。因此，这一领域仍亟待更为深入的研究。

* 国家自然科学基金项目（51378363）；同济大学建筑设计研究院（集团）有限公司科研项目；同济大学人居环境生态与节能联合研究中心重点项目；高校博士点基金项目成果（20130072110053）。原载于《地理研究》2017 年第 5 期。

从中国国情来看，当今中国是一个典型的流动性社会，第六次全国人口普查显示城乡流动人口总量达1.9亿。对城市人口空间的动态分布研究是透视城市发展的重要窗口，有助于认识城市功能区的演绎机理，指导城市公共服务设施的配置。此外，城市公共安全与危机管理对人口空间分布的时空精度需求日益提高，对于重大事件和随机发生的安全事件，掌握各区域的人口动态分布规律是疏通人流、车流等应急救援安排实施的基础保障。因此，人口空间的动态分布研究不仅是人口地理学研究的重要问题，也是认识人口行为、城市空间结构，进而指导城市公共服务设施配置、制订城市公共安全应急保障方案的重要研究依据，兼具重要的研究价值和实践意义。

信息技术的发展，使得获取大量动态的、带有精准空间信息的个人数据成为可能，大数据的价值得到越来越多的重视，且已广泛运用到各个领域的研究和管理中[17-21]。其中，手机这一通信设备由于其广泛的覆盖率和低收集成本，其提供的大样本的个体时空移动定位信息，为地理学、城市规划等需要利用空间位置数据的学科带来了前所未有的研究可能，这方面的研究也成为近年来的一个热点话题[22, 23]。已有国内外学者利用手机数据在城市空间结构[24-26]、建成环境的评价[27]、职住关系[28]、交通通勤行为[29-31]、消费行为[32]、活动模式的识别[33]等领域取得了许多重要研究成果。在人口空间分布研究领域，已有国外研究学者利用手机数据开展了动态人口分布图制作、人口密集区的识别工作[34-36]。这些研究成果充分表明手机数据在人口的空间动态分布研究领域中的巨大研究价值，具有参考借鉴意义。

基于此，本文以上海为例，利用手机信令数据这一大样本全覆盖且具有个体动态时空位置信息数据，尝试在城市内部层面和居民个体的行为角度，对上海人口空间动态分布进行分析，以期对城市人口空间动态分布领域的后续研究提供参考和借鉴。

1 研究方法与数据来源

1.1 数据来源

主要采用的是2014年上半年某两周上海移动2G用户产生的手机信令数据。数据为匿名形式，每条信令数据包含用户ID、时间戳、基站位置编号、事件类型（如接打电话、接发短信、位置更新）等信息。本文使用的数据量：日均记录到上海1 600万~1 800万个不同的手机识别号（约占2014年上海2 415万常住人口的70%），日均信令记录总数为6亿~8亿条；在空间分布上，全市36 000个基站，其中，中心城区基站间距100~300 m，郊区基站间距较大，1 000~3 000m。手机信令数据具有动态、连续、几乎城乡空间全覆盖且持有率高①的特征，可以较好地反映人们总体的时空间行为规律。

1.2 分析框架构建

人口分布有其在时间上的周期性变化，其中昼夜是城市人口空间分布的时间尺度上的一个主要特征。同时受到城市组织系统及城市规划的影响，城市空间结构表现为多种功能区，而发生在不同功能区的通勤、消费、休闲等行为又是形成城市人口空间动态变化的主要原因。因此，结合已有数据特点，本文从引起人口空间分布变化的时间、行为两个方面，构建基于"动态分布－空间活动"关系的人口空间动态研究框架（图1）。

第一，在动态分布框架下，利用手机信令数据，统计各时间阶段记录用户量的变化，反映记录用户量与人口生活作息规律的关系，从中选取最适当的时间点分别代表白天人口和晚上人口，进而对人口的昼夜空间动态分布进行研究。同时，在全市选择中心城区等重要地区进行人口动态变化的重点分析。

---

①根据《上海统计年鉴（2014）》，上海2013年移动电话普及率为132.5%。

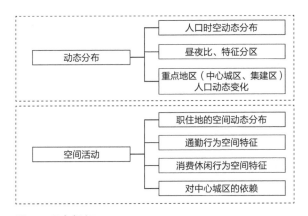

图 1　研究框架
Fig.1　Research framework

第二，在空间活动框架下，本文选择通勤行为和消费休闲行为进行研究，根据行为的一般规律制定行为的识别规则，并进一步分析行为特征，如居住和就业人口的空间分布，通勤和消费休闲出行的距离，以及对中心城区的依赖等，建立基于通勤行为的人口空间动态分布分析，发现居住、就业、通勤、消费休闲等行为带来的人口空间分布和活动的动态特征。

1.3　研究方法

1.3.1　从基站到居委会尺度的空间单元映射

研究中手机位置只能精确到基站单位，且在不同地区基站分布的稀疏程度不同，以基站为空间分辨率对位置的表达不利于空间维度上的信息挖掘。为了消除该影响，借鉴已有研究，本文采用维诺图（Voronoi diagram area，VDA）[37] 分区方法。每一个 VDA 区域对应着唯一一个空间位置的基站，其大小可以近似地描述对应基站的覆盖区域。再将这一基站的记录人数在这一 VDA 区域内随机散点，根据居委会的空间单元区域进行汇总，实现从基站分布到居委会的空间尺度，给后期移动通信数据与交通、土地利用、POIs 等其他数据的融合提供了相同的空间参照单元。

1.3.2　职住地和消费休闲地的识别

研究通过对全市原始数据的整体分析，结合居住和就业行为的一般规律，制定了手机用

户居住地和工作地的筛选规则，得到用户的居住地、工作地以及各类行为目的地的分布。

在居住地的识别上，研究首先针对每一个用户，选择十个工作日的第一天 0：00—6：00 的所有记录点，计算每半个小时出现的记录点的众数位置，得到该用户的位置点集 $\{P_1, P_2, \cdots, P_i\}$，$i$ 为位置点的个数；然后计算位置点集中的每一个位置点与其他所有位置点的距离和 $\{PD_1, PD_2, \cdots, PD_i\}$，从距离和的集合中找到最小值的点 P 作为当日居住地 H_day$_1$。对剩余 9 个工作日重复上述工作，找到每日居住地 $\{H\_day_1, H\_day_2, \cdots, H\_day_n\}$，$n$ 为可以找到日居住地的天数，且 $0 \leq n \leq 10$。在找到每日居住地后，计算各日居住地 $\{H\_day_1, H\_day_2, \cdots, H\_day_n\}$ 与其他日居住地的距离和 $\{HD_1, HD_2, \cdots, HD_n\}$，以及与其他日居住地距离的平均值 $\{HD_1\_avg, HD_2\_avg, HD_n\_avg\}$。找到与其他记录点距离和 $\{HD_1, HD_2, \cdots, HD_n\}$ 最小 HD_{min} 的点作为该用户潜在的稳定居住地 H_potential，其对应的与其他日居住地距离平均值为 HD_potential_avg。最后，判断该用户的可识别日居住地的天数 n 是否大于等于 5，且点 H_potential 在 $\{H\_day_1, H\_day_2, \cdots, H\_day_n\}$ 中出现的次数是否大于等于 2，且其与其他日居住地的平均距离 HD_potential_avg 是否小于 1 000 m，若满足上述所有条件，则该点为该用户的稳定居住地，反之则认为无法识别到该用户稳定的居住地。具体操作流程如图 2 所示。

同理，利用 9：00—17：00 点的记录，使用上述流程识别出用户的稳定工作地。

最后得出在具有稳定工作和居住地的用户数量约为 751.99 万人，占同年上海常住人口的 31%，这部分用户可以认为是在上海稳定居住和工作的用户[②]。从概率统计的角度来看，人口数据乘以相应系数，就近似于实际管理的人口数据，且在空间分布上也具有一定的可靠性。

<hr />

②将得到的分街镇居住人口数与第六次人口普查数据中的各街镇常住人口数量进行比较，发现具有较高的相关性。

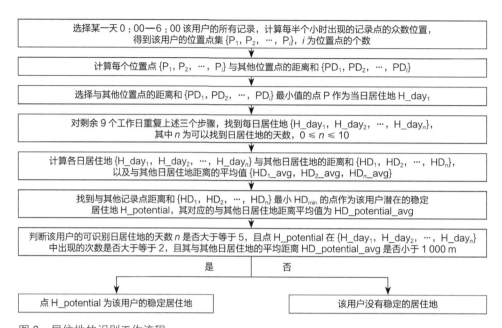

图 2　居住地的识别工作流程

Fig.2　The framework of identifying place of residence

流程图内容：

选择某一天 0：00—6：00 该用户的所有记录，计算每半个小时出现的记录点的众数位置，得到该用户的位置点集 {P₁, P₂, …, Pᵢ}，i 为位置点的个数

计算每个位置点 {P₁, P₂, …, Pᵢ} 与其他位置点的距离和 {PD₁, PD₂, …, PDᵢ}

选择与其他位置点的距离和 {PD₁, PD₂, …, PDᵢ} 最小值的点 P 作为当日居住地 H_day₁

对剩余 9 个工作日重复上述三个步骤，找到每日居住地 {H_day₁, H_day₂, …, H_dayₙ}，其中 n 为可以找到日居住地的天数，0 ≤ n ≤ 10

计算各日居住地 {H_day₁, H_day₂, …, H_dayₙ} 与其他日居住地的距离和 {HD₁, HD₂, …, HDₙ}，以及与其他日居住地距离的平均值 {HD₁_avg, HD₂_avg, HDₙ_avg}

找到与其他记录点距离和 {HD₁, HD₂, …, HDₙ} 最小 HD_min 的点作为该用户潜在的稳定居住地 H_potential，其对应的与其他日居住地距离平均值为 HD_potential_avg

判断该用户的可识别日居住地的天数 n 是否大于等于 5，且点 H_potential 在 {H_day₁, H_day₂, …, H_dayₙ} 中出现的次数是否大于等于 2，且其与其他日居住地的平均距离 HD_potential_avg 是否小于 1 000 m

是 → 点 H_potential 为该用户的稳定居住地

否 → 该用户没有稳定的居住地

除居住就业外，消费休闲行为是人的另一项主要活动。由于手机数据并不能反映用户的出行目的，因此本文根据消费休闲的一般行为规律即出现频率较低，且有一定的停留时间，进行了多次尝试，制定合适的筛选标准，将 2 周内至多出现 2 次且每次停留时间在 2 h 以上的驻留点认为是消费休闲活动的目的地[3]，并在此基础上计算家到目的地的距离。

1.3.3　昼夜比指标计算

本文以数据记录的 2 周内，10：00—12：00 的记录人数天平均值与 22：00—24：00 的记录人数天平均值的比值作为昼夜比指标进行计算，计算公式为：

$$昼夜人口比 = \frac{10：00—12：00 的记录人数天平均值}{22：00—24：00 的记录人数天平均值} \quad (1)$$

2　结果分析

2.1　人口时间动态分布

2.1.1　全市人口时间、空间分布特征

以 2 h 为时间单元，将各时间段的记录人数进行空间可视化，展示上海市一天的人口动态空间分布变化（图 3）。从图 3 可以看出，上海市人口分布具有明显的单中心结构，各时段中心城区和其他地区的人口密度具有明显差距。从人口的动态流动性方面来看，上海市域经历了"白天向心，夜间离心"的人口动态流动过程，形成"中心城区－郊区"昼夜人口分布差异明显的人口动态变化结构。具体从时间来看，6：00—10：00，人口从外围非中心城区向中心城区流动集聚，10：00 时中心城区的人口密度达到最高，全市人口分布整体仍呈现较为显著的单核心空间结构，这一集聚状态持续到 18：00 左右。18：00 以后，中心城区人口逐渐开始向外围非中心城区扩散，其中内环线内的核心区成为明显的低值区，与白天相比晚上人流明显减少，也是居住功能较弱的就业集中地区。各郊区新城呈点状分布，对人口存在一

---

③这一标准的识别结果在空间上也多为商业中心、公园和政府办公地的所在地，识别结果具有可靠性。

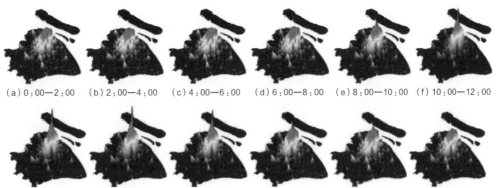

(a) 0：00—2：00 (b) 2：00—4：00 (c) 4：00—6：00 (d) 6：00—8：00 (e) 8：00—10：00 (f) 10：00—12：00

(g) 12：00—14：00 (h) 14：00—16：00 (i) 16：00—18：00 (j) 18：00—20：00 (k) 20：00—22：00 (l) 22：00—24：00

图 3 上海市人口动态空间分布特征
Fig.3 Dynamic characteristics of Shanghai's population distribution

定的吸引力，但对人口的集聚程度有限，是较低等级的人口集聚区。在扩展方向上，中心城区西侧的郊区县已与中心城区连片发展，东部三个新城活动仍较为独立，整体结构与规划所设想的多中心空间结构蓝图仍存在较大差异。这一人口的空间动态流动现象一定程度上也反映了中心城区就业岗位集中，以就业功能为主导而居住不足的现状。同时，白天人口向中心集聚和晚上人口从中心城区向外扩散的流动趋势，也可以预见早晚高峰会产生大量进出中心城区的通勤交通需求。

2.1.2 昼夜比和特征分区

为对全市昼夜人口密度和比值情况进行综合分析，本文以白天人口密度、晚上人口密度和昼夜人口比三个指标的四分位数为阈值，对全市230个街镇进行划分。需要特别说明的是，根据人的作息活动规律以及数据的记录量特征，本文分别选择了早上 10：00 时间段和 22：00 时间段的记录用户量代表白天和夜晚人口。从全市整体来看，白天时段记录用户量约是夜晚时段记录用户量的 1.6 倍。为解决这一数据量上的不同，本文以 2015 年上海市 2 450 万常住人口的标准，根据全市人口昼夜总量基本相等的原则，将这两个时段的记录用户量都按照这一常住人口总数进行等比例标准化，得到本文采用的白天人口密度、晚上人口密度指标。昼夜人口比是指白天人口密度除以晚上人口密

度的比值。特征分区的结果如图 4 所示。单从密度角度来看，呈现出"中心城区－近郊－远郊"逐层递减的圈层分布结构。再结合昼夜比指标，全市可划分为六类活动区。

（1）密度和昼夜比值均低的区域。该区是全市的低强度活动空间，主要集中在远郊的农村地区，活动类型较为混合，因此昼夜比值较低，如崇明、青浦、金山、浦东等地远郊偏远区域。

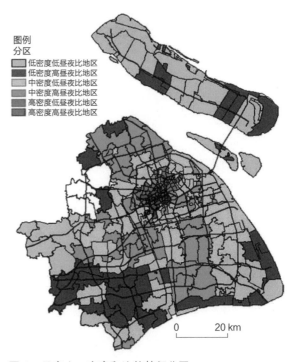

图 4 昼夜人口密度和比值特征分区
Fig.4 Division based on population density at daytime and nighttime and their ratio at the district level

（2）密度低、昼夜比值高的区域。该地区从绝对活动强度来看较低，但就业职能突出，昼夜比值较高，一般为较为偏远地区的中心镇，如金山的吕镇、亭林及周边，浦东的老港镇、朝阳农场街道，以及崇明的城桥镇、上实现代农业园区等。

（3）密度中等、昼夜比低的区域。主要集中在外环和近郊地区，且活动混合，昼夜比较低。

（4）密度中等、昼夜比高的区域。主要是近郊的一些就业中心，如莘庄、漕河泾、松江等工业园区，张江等高科技园区，金桥、外高桥进出口加工区，以及奉贤的一些主要就业中心镇，如周浦镇、奉城镇等。

（5）密度高、昼夜比低的区域。该区集中在中心城区的北部区域，包括杨浦区、原闸北区、长宁区等。该地区活动强度大，既有大量就业岗位，也有许多大型居住区，昼夜比值较低。

（6）密度和昼夜比值均高的区域。该区是全市人口居住、就业活动的核心区，集中在内环线以内。该区以就业职能为主，居住较少，昼夜比值较高。

2.1.3　重点地区的昼夜人口分布差异

在了解上海整体的人口空间分布结构后，为对上海重点地区的昼夜人口分布差异进行分析，本文从集建区/非集建区和中心城区/非中心城区[④]两个角度对全市空间进行划分（图5），分别统计工作日和休息日的白天和夜间人口数量，计算其在该时段全市总人口中所占比例，结果如表1所示。结果显示上海人口分布的空间集聚特征明显。中心城区的人口比例为47.58%～50.65%，按照上海总常住人口2 450万的标准，中心城区的人口数为1 200万～1 250万。同样，集建区的人口比例范围是全市的86.37%～89.04%，人口数为2 150万～2 200万。

从集中程度来看，面积占全市域总面积44.62%的集建区内记录用户量比例一直占全市的86%以上，而占全市域土地面积10.51%的中心城区内记录用户量比例占全市的47%以上，中心城区的集聚程度较集建区更加明显。同时，集聚程度随着时间发生动态变化，从昼夜时间对比来看，白天中心城区和集建区的集中程度都比夜晚更加明显，从工作日和休息日

表1　中心城区/非中心城区和集建区/非集建区的工作日和休息日昼夜人口比（%）[⑤]
Table 1　The proportion of population in the city center/suburbs and build-up/non-built-up areas at daytime and nighttime on weekdays and weekends (%)

空间分布	工作日		休息日	
	白天	夜间	白天	夜间
中心城区	50.65	47.88	49.60	47.58
集建区	89.04	86.78	88.32	86.37

0　　20 km

中心城区
集建区

图5　集建区和中心城区用地分布
Fig.5　Distribution of build-up areas and city center

---

④集建区和非集建区的划分参考"上海2040总规"编制的研究成果；中心城区和非中心城区的划分根据《上海市城市总体规划（1999—2020年）》确定，中心城区为外环线以内地区。

⑤本文以2 h为时间段统计白天和晚上人口，因此在这一时间段内在中心城区和非中心城区（或集建区和非集建区）都有记录的用户会重复统计，导致中心城区和非中心城区（或集建区和非集建区）的人数比例总和略大于100%。

对比来看，两者工作日的集中程度也都高于休息日。因此综合来看，工作日白天中心城区和集建区的人口集聚情况最为明显。

对集聚大量人口的上海中心城区进行进一步分析，以居委会为空间单元，分别计算其白天人口和夜晚人口密度，并按照分位数的标准进行等级划分，结果如图6所示。通过对比进一步证明了中心城区白天活动人口密度远高于晚上活动人口密度。从空间分布上看，虽然在全市层面中心城区是人口集聚的单一中心，但内部具有明显差异，浦西白天和夜晚的人口密度都远大于浦东，尤其是夜晚人口密度的分布，黄浦江成为一条天然的密度分隔带，全市的人口集聚中心还是在传统的市区中心浦西。观察

白天人口密度分布，浦西中心区已形成集中连片的人口密度高值区，其中最核心范围与上海内环线范围大体一致，再向外围延伸，包括五角场地区、真如地区、虹桥地区、漕河泾地区和陆家嘴地区这些方向，形成"指状"扩散的空间格局。另外，浦东的三林地区和宝山的张庙街道地区，成为独立的近郊区县的人口集聚中心。从中心城区晚上的人口密度分布来看，核心区的范围明显缩小，且都集中在浦西地区，其中在白天人口密度较高的是陆家嘴地区、三林地区和漕河泾地区，由于就业功能单一而居住功能不足，晚上的人口密度显著下降。浦西昼夜人口差异最为显著的则是静安区的湖南路、天平路街道。

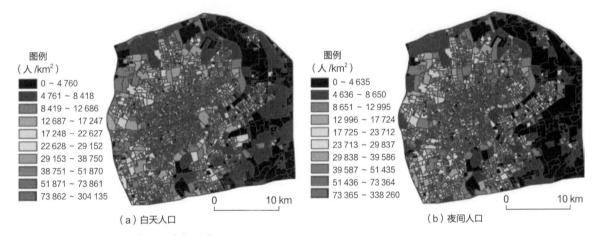

图6　中心城区各居委昼夜人口空间分布
Fig.6 Spatial distribution of population density in central city at daytime and nighttime at the neighborhood level

计算每个居委会的昼夜人口比并按照分位数标准进行等级划分，结果如图7所示。可以看出，基本形成了内环内高值连片、低值区环绕、最外围高值点状分布的空间分布模式。具体来看，内环线以内区域，以就业职能为主，集中大量商务办公，昼夜人口比整体都较高，是主要且最为集中的区域，也是中心城区内昼夜人口差异最为显著的地区。在这一区域外围，则形成了一个昼夜人口比相对较低的环形区域，是靠近内环这一就业区的主要居住区域。而在更远离市中心的中环和外环之间区域，并没有昼夜人口比高值或低值集中连片的明显特征，

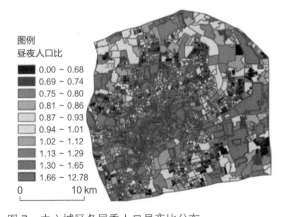

图7　中心城区各居委人口昼夜比分布
Fig.7 The ratio of population in central city at daytime and nighttime at the neighborhood level

而是呈现高值点状分布特征,如市副中心五角场街道等。另外,一些高科技产业园区、工业园区也是主要的高值区,如浦东的外高桥保税区、金桥进出口加工区、张江科技园区、漕河泾工业园区所在的街道。低值区的分布则较为分散,主要是各大型居住区所在街镇,如大华地区、新江湾城居住区等。

2.2 活动空间分析

人的行为活动使得人的位置发生变化,并导致人口在空间上的动态分布。这些行为中包括规律且频繁发生的通勤行为和不规律且频率较低的消费休闲活动。因此,本文根据各类活动的一般规律,制定相应的识别规则对用户的各类行为进行识别,以及得到居民的居住地、工作地以及各类行为目的地的分布。

2.2.1 职住地的空间分布

根据识别出的全市人口居住地和就业地的分布,绘制居住人口密度和就业人口密度的三维空间分布图(图8)。两者在分布上都呈现出集聚在中心城区的单中心空间分布格局,但对比来看,就业人口的密度比居住人口密度具有更显著的中心集聚度,中心城区的集聚作用更加明显。可以看出,在人口向外疏解的同时,就业岗位却没有同步外移,相反,还有向心集聚的趋势,也导致一定程度的通勤需求。因此,城市布局调整只有同步协调人口、就业岗位和配套功能,才能从源头上缓解向心交通压力,从而减少交通拥堵的发生。

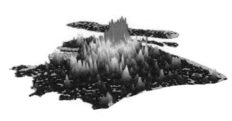

(a)居住人口密度　　　　　　　　　　(b)就业人口密度

图8　居住和就业人口密度分布
Fig.8　Spatial distribution of employment and residential density

2.2.2 通勤

全市可识别具有稳定白天和晚上驻留点的居民平均通勤距离为3 571.42 m,考虑到这一距离是两个基站之间的直线距离,基站定位本身存在一定误差,而且识别结果不包括无固定驻留地的用户出行,认为这一识别结果基本能反映上海市域内居民的总体通勤规律。识别结果按照分位数标准进行等级划分,如图9所示。全市以外环线为界向内外扩展,呈现两种截然相反的变化模式。具体来看,从中心城区内环线内向外扩展至外环线,通勤距离的分布呈明显的"近距离 – 中等距离 – 远距离"的圈层结构变化,而从外环线再向外扩展,则呈现一个相反的变化,即"远距离 – 中等距离 – 近距离"的圈层结构。因此,总结来看,平均通勤距离高的街镇主要夹在上海中心城区和非中心城区

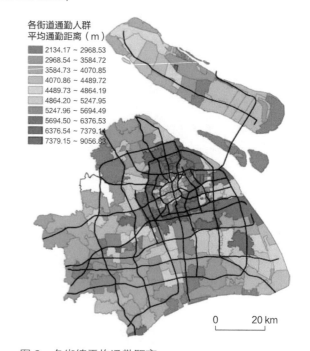

各街道通勤人群
平均通勤距离(m)
- 2134.17～2968.53
- 2968.54～3584.72
- 3584.73～4070.85
- 4070.86～4489.72
- 4489.73～4864.19
- 4864.20～5247.95
- 5247.96～5694.49
- 5694.50～6376.53
- 6376.54～7379.14
- 7379.15～9056.83

0　　20 km

图9　各街镇平均通勤距离
Fig.9　Distribution of average commuting distance at the district level

之间，即外环线附近。结合用地功能可以发现，这一区域以居住为主，就近的就业中心较少，该区域的居民有远距离通勤的需求。平均通勤距离低的街镇则主要是内环内中心城区居民和最为偏远的远郊居民为主。内环内就业配套完善，区位优势明显，近距离即可较好实现就业。而远郊就业岗位虽然有限，但交通不便，居民通勤成本较大，因此居民也以近距离就业为主。同时，对比浦东和浦西各街镇，可以发现浦东的街镇平均通勤距离明显高于浦西，这也跟许多居民因浦东的居住功能较完善而搬迁至浦东居住，但就业未发生改变，仍在浦西城市中心区有关。

2.2.3 消费休闲活动

统计各街镇居民的消费休闲出行平均距离，按照分位数等级划分标准结果如图10所示。

与通勤平均距离相似，中心城区，以及松江新城、惠南新城的居民消费休闲出行距离最小，可见这些区域的消费休闲活动可以在较近的范围内得到满足，配置较为完善。由于消费休闲设施，尤其是中高等级的设施，主要集中在中心城区，因此崇明，以及金山、奉贤和浦东的南部靠海街镇，平均出行距离普遍较高。另外，对比浦东和浦西两地，浦东的平均出行距离高于浦西，可见浦西的传统上海城市中心仍是居民中高等级活动的主要集中地。

2.2.4 通勤和消费休闲对中心城区的依赖

从前文的分析可以看出，上海的人口空间动态分布具有白天向心、晚上分散的流动过程，且中心城区的就业人口密度远高于居住人口密度，可以预见有大量人流从各郊县向中心城区进行通勤。远郊地区的消费休闲出行距离最远，也可能是居民远距离来到中心城区进行中高等级购物休闲导致。因此，为分析中心城区外的各街镇与中心城区的依赖情况，研究划分外环线以内为上海中心城区，从通勤行为和消费休闲行为两个方面，统计中心城区外各街镇到中心城区就业和消费休闲的数量和占该街镇总数的比例，计算结果如图11所示。

最为显著的特征是，街镇距中心城区的距离与其对中心城区的出行比例密切相关。与中心城区紧密相邻的这一圈层的居民到中心城区

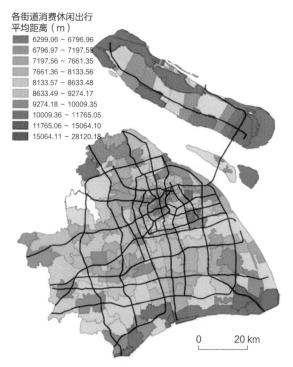

各街道消费休闲出行
平均距离（m）
- 6299.06 ~ 6796.96
- 6796.97 ~ 7197.55
- 7197.56 ~ 7661.35
- 7661.36 ~ 8133.56
- 8133.57 ~ 8633.48
- 8633.49 ~ 9274.17
- 9274.18 ~ 10009.35
- 10009.36 ~ 11765.05
- 11765.06 ~ 15064.10
- 15064.11 ~ 28120.18

0   20 km

图10　各街镇消费休闲出行平均距离
Fig.10 Distribution of average leisure and shopping trip distance at the district level

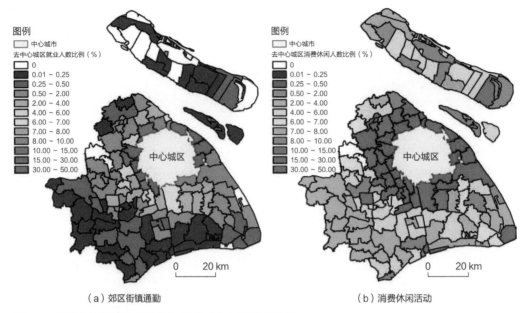

（a）郊区街镇通勤　　　　　　　　　　（b）消费休闲活动

图11　郊区街镇通勤和消费休闲活动对中心城区的依赖

Fig.11 Proportion of commuting and leisure and shopping trip from suburb to central city at the district level

的就业和消费休闲的比例都最大，是进城人流的主要来源。随着距离的增加，人数和比例整体都呈减小的趋势。对比就业人数比例和消费休闲人次比例可以发现，消费休闲行为对中心城区的依赖度明显高于就业，且在崇明、临港及金山、奉贤的南部沿海地区，其居民去中心城区消费休闲的人次比例依然较高，可见这些远郊居民对中心城区的消费休闲设施仍有较大依赖，也在一定程度上反映出这些街镇自身消费休闲功能的不完善。

3　结论与讨论

本文利用手机信令数据和相关土地利用数据，从引起人口空间分布动态变化的时间、行为两个方面，尝试构建基于"人口－时间－行为"关系的人口空间动态分布研究框架，以上海市为例，进行人口空间动态分布分析。结果表明：上海城市人口的昼夜空间分布经历"白天向中心集聚，夜晚向郊区分散"的流动过程，整体呈单中心的空间结构，白天人口相对于夜晚人口具有更显著的中心集聚特征；人的不同活动类型（居住就业、通勤、消费休闲出行等）会产生人口空间分布的动态变化，职住关系的

不匹配和活动对中心城区的高度依赖使得人口的空间分布不均，形成向心流动模式。消费休闲行为对中心城区的依赖度明显高于就业活动，且集中体现在紧邻中心城区的外围近郊呈圈层分布。通过手机信令数据得到的上海城市人口的空间动态分布特征折射出上海城市空间结构、城乡发展差异等诸多特征，也可为城市规划与建设、城市管理提供参考。

从本文可以看出，手机信令数据在人口动态分析的研究领域，具有重要意义和价值。通过手机信令数据，可以实时获取高分辨率的人口时空动态分布信息，这是认识城市流动性、对城市环境进行评估、应对突发事件进而构建应急处置系统、数字化城市管理系统等的重要基础。同时根据一般的行为规律，可以根据行为的频率和出现时间等对各类行为进行识别，进而分析行为导致的人口空间动态分布，这也是人口空间动态分布的动因。借助手机数据的分析研究，可以更加便捷、全面、动态、客观地反映人在城市中的动态分布和活动特征，进而更为深入全面地探讨城市环境与人们时空行为的互动关系，为城市规划与建设、城市管理提供科学依据。当然，进行研究时也应注意

手机数据本身存在的一些问题，如数据精度上还存在缺陷，依赖于基站信号强弱的定位方式存在无法避免的空间误差；虽然有的研究采用了一定的用户筛选规则，但是会对结果产生影响，仍需要与其他数据源的研究相互佐证，进一步提高研究结论的可靠性。本文基于现有数据，尝试对城市人口的空间动态分布展开研究，取得了一些初步的研究结果。随着更多数据的获取和研究的深入，构建更加完善的城市人口动态分布分析框架和人口空间分布模型的优化及应用将是未来研究的重点。

作者简介：钟炜菁　杭州市城市规划设计研究院规划师；

王　德　中国城市规划学会国外城市规划学术委员会委员，同济大学建筑与城市规划学院教授、博士生导师；

谢栋灿　上海城策行建筑规划设计咨询有限公司规划师；

晏龙旭　同济大学建筑与城市规划学院博士生。

参考文献

[1] 王露，杨艳昭，封志明，等. 基于分县尺度的2020—2030年中国未来人口分布. 地理研究, 2014, 33(2): 310-322.

[2] 秦贤宏，魏也华，陈雯，等. 南京都市区人口空间扩张与多中心化. 地理研究, 2013, 32(4): 711-719.

[3] 杨传开，宁越敏. 中国省际人口迁移格局演变及其对城镇化发展的影响. 地理研究, 2015, 34(8): 1 492-1 506.

[4] 饶烨，宋金平，于伟. 北京都市区人口增长的空间规律与机理. 地理研究, 2015, 34(1): 149-156.

[5] 边雪，陈昊宇，曹广忠. 基于人口、产业和用地结构关系的城镇化模式类型及演进特征：以长三角地区为例. 地理研究, 2013, 32(12): 2281-2291.

[6] 李扬，刘慧，汤青. 1985—2010年中国省际人口迁移时空格局特征. 地理研究, 2015, 34(6): 1 135-1 148.

[7] 潘倩，金晓斌，周寅康. 近300年来中国人口变化及时空分布格局. 地理研究, 2013, 32(7): 1 291-1 302.

[8] FOLEY D L. Urban daytime population: A field for demographic-ecological analysis. Social Forces, 1954, 32(4): 323-330.

[9] FOLEY D L. The daily movement of population into central business districts. American Sociological Review, 1952, 17(5): 538-543.

[10] AKKERMAN A. The urban household pattern of daytime population change. The Annals of Regional Science, 1995, 29(1): 1-16.

[11] RODDIS S M, RICHARDSON A J. Construction of daytime activity profiles from household travel survey data. In: Transportation Research Record 1625, TRB. National Research Council, 1998: 102-108.

[12] SLEETER R, WOOD N. Estimating daytime and nighttime population density for coastal communities in Oregon. In: Proceedings of 44th Urban and Regional Information Systems Association Annual Conference. Columbia, British, 44th Urban and Regional Information Systems Association Annual Conference, 2006: 906-920.

[13] KAVANAUGH P. A method for estimating daytime population by small area geography. Proceedings of 18th Urban and Regional Information Systems Association Conference. Edmonton, Alberta, Canada, 18th Urban and Regional Information Systems Association Conference, 1990: 150-164.

[14] 戚伟，李颖，刘盛和，等. 城市昼夜人口空间分布的估算及其特征：以北京市海淀区为例. 地理学报, 2013, 68(10):1 344-1 356.

[15] 赵晔琴. 国外大都市"白天人口"研究及其对我国的启示. 南方人口, 2010, 25(6): 24-31.

[16] 毛夏，徐蓉蓉，李新硕，等. 深圳市人口分布的细网格动态特征. 地理学报, 2010, 65(4): 443- 453.

[17] LIU Yu, LIU Xi, GAO Song, et al. Social sensing: A new approach to understanding our socioeconomic environments. Annals of the Association of American Geographers, 2015, 105(3): 512-530.

[18] 甄峰，王波. "大数据"热潮下人文地理学研究的再思考. 地理研究, 2015, 34(5): 803-811.

[19] 吴志峰，柴彦威，党安荣，等. 地理学碰上"大数据"：热反应与冷思考. 地理研究，2015, 34(12): 2 207-2 221.

[20] 甄峰，秦萧，席广亮. 信息时代的地理学与人文地理学创新. 地理科学，2015, 35(1): 11-18.

[21] 杨振山，龙瀛，Douay Nicolas. 大数据对人文—经济地理学研究的促进与局限. 地理科学进展，2015, 34(4): 410-417.

[22] 郭璨，甄峰，朱寿佳. 智能手机定位数据应用于城市研究的进展与展望. 人文地理，2014, 29(6): 18-23.

[23] 刘瑜，肖昱，高松，等. 基于位置感知设备的人类移动研究综述. 地理与地理信息科学，2011, 27(4): 8-13, 2, 31.

[24] 钮心毅，丁亮，宋小冬. 基于手机数据识别上海中心城的城市空间结构. 城市规划学刊，2014, (6): 61-67.

[25] CALABRESE F, COLONNA M, LOVISOLO P, et al. Real-time urban monitoring using cell phones: A case study in Rome. IEEE Transactions on Intelligent Transportation Systems, 2011, 12(1): 141-151.

[26] READES J, CALABRESE F, RATTI C. Eigenplaces: Analysing cities using the space-time structure of the mobile phone network. Environment and Planning B: Planning and Design, 2009, 36(5): 824-836.

[27] 王德，钟炜菁，谢栋灿，等. 手机信令数据在城市建成环境评价中的应用：以上海市宝山区为例. 城市规划学刊，2015, (5): 82-90.

[28] 钮心毅，丁亮. 利用手机数据分析上海市域的职住空间关系：若干结论和讨论. 上海城市规划，2015, (2): 39-43.

[29] YUAN Yihong, RAUBAL M, LIU Yu. Correlating mobile phone usage and travel behavior: A case study of Harbin, China. Computers, Environment and Urban Systems, 2012, 36(2): 118-130.

[30] REIN A, ANTO A, SIIRI S, et al. Daily rhythms of suburban commuters' movements in the Tallinn metropolitan area: Case study with mobile positioning data. Transportation Research Part C: Emerging Technologies, 2010, 18(1): 45- 54.

[31] 丁亮，钮心毅，宋小冬. 利用手机数据识别上海中心城的通勤区. 城市规划，2015, 39(9): 100-106.

[32] 王德，王灿，谢栋灿，等. 基于手机信令数据的上海市不同等级商业中心商圈的比较：以南京东路、五角场、鞍山路为例. 城市规划学刊，2015, (3): 51-61.

[33] CALABRESE F, DIAO M, LORENZO Gi D, et al. Understanding individual mobility patterns from urban sensing data: A mobile phone trace example. Transportation Research Part C: Emerging Technologies, 2013, 26: 301-313.

[34] DEVILLE P, LINARD C, MARTIN S, et al. Dynamic population mapping using mobile phone data. Proceedings of the National Academy of Sciences, 2014, 111(45): 15 888-15 893.

[35] VIEIRA M R, INEZ V Fr I, OLIVER N, et al. Characterizing dense urban areas from mobile phone-call data: Discovery and social dynamics. In: Proceedings of 2010 IEEE Second International Conference, 2010: 241-248.

[36] REIN A, ÜLAR M. Location based services——new challenges for planning and public administration? Futures, 2005, 37 (6): 547-561.

[37] WANG P. Understanding the spreading patterns of mobile phone viruses. Proceedings of the National Academy of Sciences, 2009, 106(20): 8 380-8 385.

高密度城区建成环境与城市生物多样性的关系研究
——以上海浦东新区世纪大道地区为例 *

The Influence of Built Environment on Urban Biodiversity in High-Density Urban Areas: Case Study in Blocks Along Century Avenue, Pudong New District, Shanghai

干靓　吴志强　郭光普

摘　要　如何通过优化建成环境来保护和提升城市生物多样性，是生态城市研究中不可或缺的重要内容之一。以上海浦东新区世纪大道周边地区为例，运用相关分析与回归分析方法解析鸟类物种多样性变量与生态用地、植被格局、开发强度等建成环境变量之间的关系，得出14项高密度城区建成环境对生物多样性的主要影响要素，包括绿地斑块边缘面积比、最大绿地斑块边缘面积比、容积率、建筑密度4项负影响要素，以及绿地斑块总面积、最大绿地斑块面积、平均邻近指数、景观聚合度指数、景观结合度指数、乔木覆盖面积、地被覆盖面积、植被种类、乔木平均高度、绿地率10项正影响要素。研究对影响要素的影响机制进行了解析，并根据研究结论提出建成环境优化建议，为在有限的土地资源上推动高密度人居环境与自然生物栖息空间和谐共生的合理布局提供依据。

关键词　城市生物多样性；建成环境；高密度城区；世纪大道；鸟类物种多样性

城市生物多样性是评价城市生态系统服务功能和城市生态环境优劣的重要指标。新型城镇化规划和生态文明建设，对新时期的城市规划建设提出了更明确和更高层次的生态转型要求，从"尊重自然、顺应自然、保护自然"的视角来看，探讨城市建成环境与城市生物多样性的关系，通过实证基础研究辨析，有效保护和提升生物多样性的城市建成环境要素并提出优化建议，是生态城市研究中不可或缺的重要内容。

大部分生态学与生物学领域的研究认为，土地利用变化、气候变化、城市景观格局变化、城市社会经济活动、城市微环境等因子是影响城市生物多样性分布格局的关键因素[1-6]。多时空尺度的研究范式有利于为从城市规划建设的角度保护和管理城市生物多样性提供依据，而在当前的研究中，基于现实可操作的城市规划与设计层面的中微观尺度研究较少[7]。本研究以上海浦东新区世纪大道周边地区作为中微观尺度研究样地，探讨中微观尺度生物多样性变量与建成环境变量之间的关系，提炼高密度城区建成环境对生物多样性的主要影响要素，并由此提出建成环境的优化建议。

* 国家自然科学基金青年基金项目《基于生物多样性绩效测评的高密度城镇化地区生态空间格局优化研究》资助（批准号：51408426）。原载于《城市发展研究》2018年第4期。

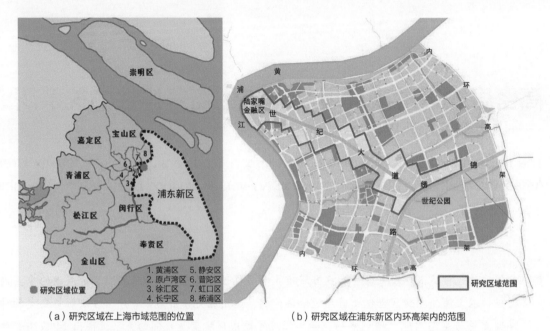

（a）研究区域在上海市域范围的位置　　　　（b）研究区域在浦东新区内环高架内的范围

图 1　研究区域的位置与范围
Fig.1 Location and scope of the study area

1　研究设计

1.1　研究区域的选择

本研究选择上海市浦东新区世纪大道周边地区作为研究区域。世纪大道西起陆家嘴金融区，东至世纪公园。本研究区域范围包含世纪大道两侧 100 m 及完整街坊范围，以及锦绣路沿线与世纪公园对街的街坊，共计 51 个地块，总面积 4.60 km²。研究区域具有典型的高密度城区土地使用属性，用地类型多样，生境类型丰富，对于研究中微观尺度典型城区建成环境空间要素对生物多样性的影响，具有一定的代表性（图 1）。

1.2　目标物种的选择

不同物种的栖居、捕食和迁徙都对空间有着不同的规模和形态要求，在现实中很难针对所有物种进行深入调研。根据生态系统的"关键物种"理论，本研究选择城市野生鸟类作为"目标物种"①。鸟类在城市生态系统中处于食物链的高层或顶层营养级，即适合野生鸟类生

存的环境，意味着昆虫、果实、花蜜等自然食物来源相对丰富，也意味着具有良好的植生环境，鸟类在较小尺度的高密度城区破碎化人工化生境的研究中，具有不可替代的指示作用。

1.3　调查方法

研究调查时间为 2014 年 11 月—2015 年 10 月，每月调查一次，共计 12 次。根据环保部 2014 年发布的《生物多样性观测技术导则——鸟类》[8]，参考楚国忠和郑光美（1993）[9]、蔡音亭等（2010）[10]、郑伟等（2012）[11] 的鸟类调查样点和样线方法，将研究区域分为 5 个调查片区，每个片区设 10 ~ 25 个固定调查样点，并设立一条鸟类调查样线，涵盖地块内的主要生境、景观和植被类型（图 2）。调查集中在每月上旬，为了尽可能减少人车出行活动对鸟类的干扰，一般选择在天气晴朗的周末清晨，并根据日出时间确定为冬季 7：00—10：00，春、秋季 6：30—9：30，夏季 6：00—9：00。调查时以样线为中心，以 1.5 km/h 的行进速度前进，用 8 ~ 10 倍双筒望远镜对两侧各 25 m

①在生态系统的生物群落中，总有一个物种，它的存在对群落结构的稳定、正常演替以及持续性具有调控作用，通过保护该物种可以一定程度上实现该种生态系统的多样性，这通常被称为"目标物种"。

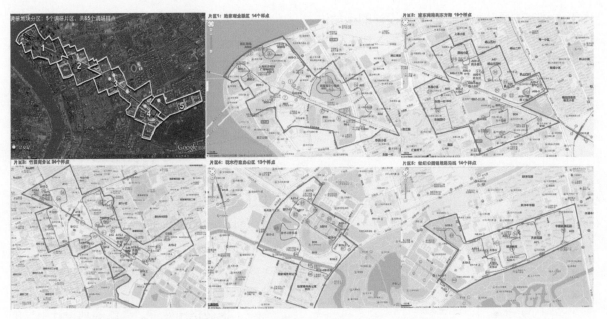

图 2　研究区域鸟类调查样地分区与调查样点、样线设置
Fig.2 Zones of the study area for bird survey with sample points and line intercept

范围内进行观察，并根据样点的规模及生境特质在每个样点停留 5 ~ 15 min 不等，记录看见和听见的野生鸟类的种类、数量、停落位置等情况。

1.4　变量选择与数据计算

1.4.1　鸟类物种多样性变量

物种的多样性测度或异质性测度是中微观尺度城市生物多样性的传统量化方式，通常利用实地生物普查得到的各类物种名录进行计算[12]。本研究调查记录到的城市野生鸟类共 10 231 只，根据《中国鸟类分类与分布名录》[13]，隶属 8 目 25 科 47 种。参考唐仕敏等（2003）[14]、金杏宝等（2005）[15]、陆祎玮等（2007）[16] 的研究，本文以地块为统计单元，选择物种个体数量（individual number）、物种丰富度（richness of species）、多样性指数（diversity）、均匀度指数（evenness）、

优势度指数（superiority）[②] 作为物种多样性变量，根据现场实测记录数据计算。其中多样性指数采用 Shannon-Wiener 指数公式进行计算，即 $H' : -\sum P_i \log P_i$，其中，P_i 为物种 i 的个体数量与所有物种总数之比。均匀度指数采用 Pielou 指数公式进行计算：$J = H'/H_{max}$，其中，H' 同上，$H_{max} = \ln S$，S 为物种数。优势度指数采用 Simpson 指数公式进行计算：$C = \sum (P_i)^2$，P_i 同上。

1.4.2　城市建成环境变量

干靓（2018）参考现有文献，提出了城市建成环境对生物多样性的影响要素及其影响机制，将城市建成环境对生物多样性的影响要素，总结为两个维度，即：①直接承载生物本体的生物基层承载要素，包含生态用地和植被格局；②人工环境对自然基质、格局以及生物活动的间接干扰要素，包含开发强度和人类活动[17]。

---

②上述指标的含义如下：(1) 物种个体数量 (individual number)：观测到的生物物种的个数；(2) 物种丰富度 (richness of species，S)：被评价区域内已记录的野生哺乳类、鸟类、爬行类、两栖类、淡水鱼类、蝶类的种数 (含亚种)，用于表征野生动物的多样性；(3) 生物多样性指数 (diversity，H)：应用数理统计方法求得表示生物群落的种类和个体数量的数值；(4) 均匀度指数 (evenness，J)：描述物种中的个体的相对丰富度或所占比例，反映的是各物种个体数目分配的均匀程度；(5) 优势度指数 (superiority，I)：用以表示优势物种在群落中的地位与作用。优势度指数越大，说明群落内物种数量分布越不均匀，优势物种的地位越突出。

高密度城区建成环境与城市生物多样性的关系研究——以上海浦东新区世纪大道地区为例

The Influence of Built Environment on Urban Biodiversity in High-Density Urban Areas: Case Study in Blocks Along Century Avenue, Pudong New District, Shanghai

由于本研究主要从城市空间规划设计的视角讨论城市生物多样性的建成环境影响，因此选择生态用地、植被格局和开发强度三类城市建成环境变量，暂不涉及影响生物本身生理和群落特征的人类活动要素（图3）。

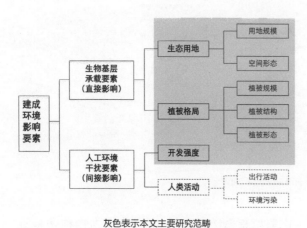

灰色表示本文主要研究范畴

图3 城市生物多样性的建成环境影响要素
Fig.3 Urban environment factors affecting urban biodiversity

具体变量如下。

（1）生态用地变量。包括生态用地规模和空间形态变量，考虑规划调控优化的可操作性，本研究选择景观生态学中的景观格局指数作为各地块单元生态用地的特征变量，具体变量详见表1。考虑到51个地块中，仅有1/3有水体，且通常为1~2个完整水面，无法计算其破碎度和连通性，因此最大斑块边缘面积比、平均邻近指数、景观聚合度指数、景观结合度指数仅针对绿地斑块进行计算。研究采用美国俄勒冈州立大学开发的景观结构定量分析软件Fragstats4.2，在斑块类型水平上计算上述空间形态变量。

（2）植被格局变量。考虑规划设计引导的可行性，本研究所采用的植被格局变量主要包括乔木、灌木、地被三个植被层的覆盖（投影）面积、高度（平均高度和最高高度）以及种类三大类。

表1 生态用地变量及其计算方式和生态学意义
Table 1 Ecological land variables with their calculation methods and ecological significance

变量类型	变量名称	变量单位	计算方式	生态学意义
用地规模	斑块面积	m^2	地块内的绿地或水体的总面积	对于维护高数量的物种，维持稀有种、濒危种以及生态系统的稳定是最重要因素
	最大斑块面积	m^2	地块中绿地或水体最大斑块的面积	吸引物种的最大斑块面积
空间形态	斑块边缘/面积比	m/m^2	斑块边缘周长/面积	斑块的形状复杂程度
	斑块密度	块$/hm^2$	斑块数量/斑块面积	一定程度上揭示景观破碎化程度，斑块密度越大，破碎化程度越高
	最大斑块指数	%	最大斑块面积/斑块面积	最大斑块对整个类型的影响程度
	最大斑块边缘/面积比	m/m^2	最大斑块边缘周长/面积	最大斑块的形状复杂程度
	平均邻近指数	–	斑块 ijs 的面积除以其到同类型拼块的最近距离的平方之和除以此类型的拼块总数	度量斑块间的邻近程度以及景观的破碎度
	景观聚合度指数	–	同类型斑块像元间公共边界长度	反映生境破碎化程度，聚合度越低，破碎化程度越高
	景观结合度指数	–	面积加权的平均周长面积比除以面积加权的平均形状因子	反映生境的内部连通程度，结合度越高，连通性越好

植被调查采用全面调查的方法，调查时间为 2016 年 4—6 月，调查内容包括乔木、灌木、地被植物的种类、名称、大小、数量、胸径、蓬径、冠幅、面积、高度等。根据现场调查，分别计算乔木、灌木、地被的覆盖面积、覆盖比例、种类与高度。

乔木的覆盖面积按照以下公式计算：$A_t = \sum a_t$，$a_t = [(D/2)^2 \times \pi \times N]$，其中 D_t 为第 t 种乔木的平均冠幅，N 为植株数。

灌木的覆盖面积按照以下公式计算：$A_s = \sum a_s + \sum a_{s'}$，$a_{s'} = [(d_{s'}/2)^2 \times \pi \times N]$，其 中 a_s 为第 s 种灌丛植被的面积，$a_{s'}$ 为第 s' 种灌球的面积，$d_{s'}$ 为第 s' 种灌球的蓬径，N 为植株数，单株灌球与灌丛投影面积重合时不另作计算。

地被的覆盖面积按照以下公式计算：$A_h = \sum a_h$，其中 a_h 为第 h 种地被的面积。

植被种类的分类和统计参考《中国植物志》在线版（http：//frps.eflora.cn/），分别统计常绿乔木、落叶乔木、所有乔木、常绿灌木、落叶灌木、所有灌木、地被的类别，以种为单位记录。

分别统计乔木和灌木的平均高度和最高高度，乔木的平均高度按照以下公式计算：$H_t = \sum (a_t \times h_t)/\sum h_t$，其中 h_t 为第 t 种乔木高度，a_t 同上。灌木的平均高度按照以下公式计算：$H_s = [\sum(a_s \times h_s) + \sum(a_{s'} \times h_{s'})]/ (\sum h_s + \sum h_{s'})$，其中 h_s 为第 s 种灌丛植被的高度，$h_{s'}$ 是第 s' 种单株灌球的高度，a_s、$a_{s'}$ 同上。

（3）开发强度变量。包含地块单元区域内的容积率、建筑密度、绿地率和水面率，前三者都是地块开发控制性详细规划中的常用强制性指标。研究区域中有 17 个地块中布置了大小不等的水体，可以为鸟类提供饮水条件，因此在开发强度变量中纳入水面率进行分析。研究依托上海市浦东新区规划设计研究院提供的 AutoCAD 地图和浦东绿地现状 shape 文件进行计算，并根据陆家嘴集团提供的陆家嘴金融区高层建筑数据进行校正。

1.4.3 环境主因子分析方法

环境主因子分析法是研究城市建成环境对生物多样性影响的最常用定量研究方法，即以基于调研所获取和计算的生物多样性测度指标作为因变量，以潜在影响生物多样性的建成环境变量作为自变量，采用相关分析和回归分析等统计分析方法，通过显著性检验，提取影响生物多样性绩效的城市建成环境关键影响因子[18-22]。本文以鸟类物种多样性变量作为因变量，以建成环境变量作为自变量，利用 IBM SPSS 19.0 FOR WINDOWS 统计分析软件对两类变量进行 Pearson 相关分析和多元回归分析，探讨城市建成环境对鸟类物种多样性的主要影响要素及影响机制。

2 研究发现

2.1 城市建成环境变量与鸟类物种多样性变量的相关分析

2.1.1 生态用地变量与鸟类物种多样性的关系

研究结果如表 2 所示，绿地斑块总面积、最大绿地斑块面积与鸟类个数、物种丰富度和多样性指数显著正相关，与优势度指数显著负相关，斑块密度与物种丰富度、多样性指数、均匀度指数呈现显著负相关，与优势度指数显著正相关，验证了保护生态学的"种－面积关系"理论，即生境面积越大时，物种的数量也较多，越能维持健全的动植物群落。

绿地斑块边缘面积比、最大绿地斑块边缘面积比与鸟类个数、物种丰富度和多样性指数显著负相关，与优势度指数显著正相关，这说明绿地斑块边缘的干扰效应对中微观尺度的生物多样性存在较大影响。

最大绿地斑块指数与均匀度指数显著负相关，体现绿地空间配置中设置较大面积的集中绿地对生物多样性有较好的正面作用。

绿地的平均邻近指数、景观聚合度指数、景观结合度指数均与个数、物种丰富度、多样性指数、均匀度指数正相关，与优势度指数负相关，体现出景观斑块之间的距离、连通性和破碎度对物种多样性的影响作用。

高密度城区建成环境与城市生物多样性的关系研究——以上海浦东新区世纪大道地区为例

The Influence of Built Environment on Urban Biodiversity in High-Density Urban Areas: Case Study in Blocks Along Century Avenue, Pudong New District, Shanghai

表 2　研究区域生态用地变量与鸟类物种多样性变量的相关分析（Pearson 相关）
Table 2　Pearson correlation analysis of ecological land and avian diversity

变量类型	变量名称（单位）	个数	物种丰富度	多样性指数	均匀度指数	优势度指数
用地规模	绿地斑块总面积（m²）	0.772**	0.803**	0.595**	−0.042	−0.454**
	最大绿地斑块面积（m²）	0.640**	0.690**	0.515**	0.047	−0.402**
	水体斑块面积（m²）	0.247	0.303*	0.274	0.050	−0.219
	最大水体斑块面积（m²）	0.306*	0.331*	0.244	−0.018	−0.187
空间形态	绿地斑块密度（N/m²）	−0.236	−0.322*	−0.518**	−0.296*	0.593**
	绿地斑块边缘面积比（m/m²）	−0.356**	−0.496**	−0.646**	−0.311*	0.681**
	最大绿地斑块指数（%）	−0.083	−0.019	0.146	0.449**	−0.243
	最大绿地斑块边缘面积比（m/m²）	−0.377**	−0.490**	−0.581**	−0.122	0.617**
	绿地斑块平均邻近指数	0.295*	0.368**	0.342*	0.075	−0.295*
	绿地景观结合度指数	0.371**	0.508**	0.666**	0.308*	−0.708**
	绿地景观聚合度指数	0.340*	0.490**	0.670**	0.328*	−0.697**
	水体斑块平均面积（m²）	0.234	0.275*	0.214	−0.008	−0.162
	水体斑块边缘面积比（m/m²）	0.056	0.205	0.372**	0.322*	−0.370**
	最大水体斑块指数（%）	0.027	0.313*	0.386**	0.200	−0.330*

注：* 在 0.05 水平（双侧）上显著相关；** 在 0.01 水平（双侧）上显著相关。

水体斑块面积、平均面积、最大斑块面积与鸟类物种丰富度显著正相关，水体边缘面积比与多样性指数、均匀度指数显著正相关，与优势度指数显著负相关，最大水体斑块指数与多样性指数显著正相关，与优势度指数显著负相关。体现了水体对物种多样性亦有一定影响。

2.1.2　植被格局变量与鸟类物种多样性的关系

复层植被覆盖面积与鸟类物种多样性的相关分析结果显示：乔木覆盖面积与物种多样性指数之间的相关系数相对更高，而灌木覆盖面积与物种多样性指数之间的相关系数相对更低；地被覆盖面积比例与物种多样性指数之间的相关系数比乔木覆盖面积比例和灌木覆盖面积比例更高。由此可见，乔木层和地被层对鸟类物种多样性的影响比灌木层更大。

植被高度与鸟类物种多样性的相关分析结果显示：乔木高度尤其是平均高度对鸟类物种多样性的影响较大。

植被种类与鸟类物种多样性的相关分析结果显示：地被种类的相关系数高于乔木，灌木的相关系数最小，乔灌木中，常绿植被比落叶植被的相关系数更大（表 3）。

2.1.3　开发强度变量与鸟类物种多样性的关系

开发强度变量与鸟类物种多样性相关分析结果显示：建筑密度的相关系数大部分高于容积率。建筑密度越高，意味着人类活动占据的空间越多，而留给鸟类栖居的地面空间随之减少，大面积建筑物降低了绿地生境的连通性，进而妨碍鸟类栖息。绿地率与物种丰富度和多样性指数在 0.01 水平上显著正相关，与物种个数在 0.05 水平上显著正相关，水面率与物种丰富度和多样性指数在 0.01 水平上显著正相关，但相关系数都较小（表 4）。

表 3　研究区域植被格局变量与鸟类物种多样性的相关分析（Pearson 相关）
Table 3　Pearson correlation analysis of vegetation and avian diversity

变量类型	变量名称（单位）	个数	物种丰富度	多样性指数	均匀度指数	优势度指数
植被规模	乔木覆盖面积（m²）	0.503**	0.656**	0.516**	0.092	−0.386**
	灌木覆盖面积（m²）	0.350*	0.457**	0.366**	0.151	−0.313*
	地被覆盖面积（m²）	0.415**	0.391**	0.388**	0.123	−0.320*
	乔木覆盖用地比例（%）	0.046	0.234	0.355*	0.234	−0.335*
	灌木覆盖用地比例（%）	−0.118	0.035	0.189	0.300*	−0.242
	地被覆盖用地比例（%）	0.095	0.119	0.392**	0.157	−0.366**
植被形态	乔木最高高度（m）	0.453**	0.445**	0.319*	0.074	−0.281*
	乔木平均高度（m）	0.286*	0.480**	0.520**	0.295*	−0.426**
	灌木最高高度（m）	0.321*	0.256	0.178	−0.012	−0.132
	灌木平均高度（m）	0.299*	0.230	0.117	−0.005	−0.072
植被结构	乔木种类	0.509**	0.386**	0.140	−0.192	−0.104
	常绿乔木种类	0.515**	0.404**	0.162	−0.133	−0.138
	落叶乔木种类	0.462**	0.342*	0.114	−0.207	−0.075
	灌木种类	0.364**	0.430**	0.351*	0.075	−0.311*
	常绿灌木种类	0.328*	0.444**	0.383**	0.125	−0.335*
	落叶灌木种类	0.274*	0.215	0.113	−0.058	−0.109
	地被种类	0.536**	0.657**	0.531**	0.176	−0.440**
	植被种类	0.545**	0.529**	0.342*	−0.038	−0.284*

注：* 在 0.05 水平（双侧）上显著相关；** 在 0.01 水平（双侧）上显著相关。

表 4　研究区域开发强度变量与鸟类物种多样性的相关分析（Pearson 相关）
Table 4　Pearson correlation analysis of development intensity and avian diversity

项目	个数	物种丰富度	多样性指数	均匀度指数	优势度指数
容积率	−0.437**	−0.520**	−0.456**	0.144	0.339**
建筑密度（%）	−0.397**	−0.571**	−0.684**	−0.359*	0.655**
绿地率（%）	0.355*	0.517**	0.562**	0.134	−0.514**
水面率（%）	0.207	0.341*	0.311*	0.109	−0.231

注：* 在 0.05 水平（双侧）上显著相关；** 在 0.01 水平（双侧）上显著相关。

高密度城区建成环境与城市生物多样性的关系研究——以上海浦东新区世纪大道地区为例

The Influence of Built Environment on Urban Biodiversity in High-Density Urban Areas: Case Study in Blocks Along Century Avenue, Pudong New District, Shanghai

2.2 城市建成环境变量与鸟类物种多样性变量的回归分析

本文以鸟类物种多样性为因变量，城市建成环境为自变量分析哪些环境变量对鸟类物种多样性的提升产生较大的影响。

研究通过对鸟类物种多样性的 5 个变量的 Pearson 相关性分析（表 5），选择在生物多样性评价中利用最普遍且与其他变量之间的相关系数更高的多样性指数（Shannon-Wiener 指数）作为因变量。

选择与香浓－威纳多样性指数中度相关以上[3]的变量共 15 个作为自变量，包括：绿地斑块总面积，绿地斑块边缘面积比，绿地斑块密度，最大绿地斑块面积，最大绿地斑块边缘面积比，景观结合度指数和景观聚合度指数 7 个

生态用地变量；乔木覆盖面积，地被面积，地被覆盖用地比例，乔木平均高度和地被种类 5 个植被格局变量。建筑密度，绿地率，容积率 3 个开发强度变量[4]。为避免变量间的量纲差异对回归分析的影响，对各变量进行了标准化处理。

2.2.1 鸟类多样性指数与三类建成环境自变量的多元线性回归

运用 SPSS 软件中的"逐步"变量选取方式对分析样本数据展开多元线性回归分析。在 SPSS 软件中，回归模型共进行了 2 次构建，调整 R^2 为 0.695，回归模型整体的 F 检验显著性和系数 t 检验的显著性均小于 0.05，共线性检验中方差变异系数 VIF 均小于 10，没有明显的多重共线性（表 6），残差满足一定的正态性分布。

表 5 研究区域鸟类物种多样性的五个变量之间的相关分析（Pearson 相关）
Table 5 Pearson correlation analysis of five avian diversity variables

变量	个数	物种丰富度	多样性指数	均匀度指数	优势度指数
个数	1	0.786**	0.456**	−0.232	−0.347*
物种丰富度	0.786**	1	0.822**	0.044	−0.668**
多样性指数	0.456**	0.822**	1	0.498**	−0.954**
均匀度指数	−0.232	0.044	0.498**	1	−0.656**
优势度指数	−0.347*	−0.668**	−0.954**	−0.656**	1

注：* 在 0.05 水平（双侧）上显著相关；** 在 0.01 水平（双侧）上显著相关。

表 6 研究区域鸟类多样性指数与三类建成环境变量的回归分析
Table 6 Regression analysis of bird diversity index and three types of built environment variables

模型检验	因变量	自变量（解释变量）	回归系数	标准化回归系数	T 值	P 值
调整 R^2：0.695 F 值：55.568（P < 0.001）	多样性指数	（常量）	0.107		1.358	0.181
		Z_1 建筑密度	−0.685	−0.683	−8.326	0.000
		Z_2 乔木平均高度	0.351	0.355	4.328	0.000

③变量之间的相关强度可以通过 Pearson 相关系数绝对值来判断：0.8 ~ 1.0 时，变量之间有极强的相关；0.6—0.8 时，强相关；0.4 ~ 0.6 时，中等程度相关；0.2 ~ 0.4 时，弱相关；0 ~ 0.2 时，极弱相关或者说无相关性。
④研究选择相关系数小数点后一位四舍五入后 ≥ 0.4 的变量作为待选自变量，由于地被面积与地被覆盖用地比例与鸟类多样性指数的相关性接近 0.4，为避免遗漏，也纳入第一轮筛选后的待选自变量。

回归分析结果显示，对鸟类多样性指数有最显著影响的建成环境变量是标准化后的建筑密度和乔木平均高度。建筑密度越高，意味着人类活动占据的空间越多，而留给鸟类栖居的地面空间随之减少。而乔木平均高度则体现了向垂直空间延伸的生态位可以为鸟类提供更广阔的离地生境，使鸟类在与人类交错的时空中寻找到自己在城市中的合理位置。

2.2.2 鸟类多样性指数与生态用地、植被格局变量多元回归分析

考虑到在实际规划设计中，开发强度的确定是社会、经济、环境多维度的博弈过程，较难从生物多样性的单一视角提出调控要求，因此设定在开发强度一定的状态下，对生态用地和植被格局的 12 个自变量与鸟类多样性指数再次进行逐步回归。在 SPSS 软件中，回归模型共进行了 4 次构建，调整 R^2 为 0.602，回归的 F 值、回归系数的 T 值均通过检验（表 7），共线性检验与残差正态性检验也均能通过，满足回归模型的前提假设。

表 7 的回归分析显示，在开发强度确定的状况下，对鸟类多样性指数有最显著影响的建成环境变量依次为标准化后的景观结合度指数、乔木平均高度、地被种类、地被覆盖用地比例。景观结合度指数反映生境的连通程度，连通性越好的地块，越能吸引各种不同鸟类以一定规模汇集到生境中，从而使得鸟类多样性指数越高。乔木层通常为在树丛取食的植食性、虫食

性和杂食性鸟类的主要食性空间生态位，也是树上筑巢鸟类的主要巢居和繁殖空间生态位，乔木平均高度越高，鸟类可以用作休憩、食性和巢居空间的垂直生态位越多，对物种多样性越有利。地被的种类和覆盖用地比例体现的是地面种植的密度与丰富度，尤其对于地面取食的鸟类而言，亦提供了更多的食性和休憩空间。在容积率、建筑密度等开发强度确定的情况下，地面空间被植被覆盖的程度越高，植被种类越丰富，对鸟类物种多样性越有利。

3 结论与讨论

3.1 高密度城区建成环境对城市鸟类物种多样性的主要影响要素

基于相关分析和回归分析，本研究共提炼出 14 项在高密度城区中对鸟类物种多样性有较大影响的主要建成环境要素，其中具有较大负面影响的要素有 4 项，以建筑密度的负面影响最显著，体现出在高密度城区建设中，减少建筑占地比例，为生物栖息预留更多地表可利用空间，可能是最有效的方式。具有较大正面影响的要素 10 项，其中乔木平均高度的影响最显著，体现出鸟类在高密度城区对离地生境基层的适应性，具体详见表 8。

3.2 保护和提升城市生物多样性的高密度城区建成环境优化建议

（1）构建"集中绿地 + 连通廊道 + 小尺度踏脚石"的生境链系统

表 7 研究区域鸟类多样性指数与生态用地与植被格局变量的回归分析
Table 7 Regression analysis of bird diversity index and built environment variables of ecological land and vegetation

模型检验	因变量	自变量（解释变量）	回归系数	标准化回归系数	T 值	P 值
调整 R^2：0.602 F 值：19.173（P < 0.001）	多样性指数	（常量）	0.021		0.231	0.818
		Z_3 景观结合度指数	0.353	0.362	3.242	0.002
		Z_4 地被种类	0.288	0.281	2.890	0.006
		Z_5 乔木平均高度	0.316	0.320	3.165	0.003
		Z_6 地被覆盖用地比例	0.290	0.238	2.402	0.021

高密度城区建成环境与城市生物多样性的关系研究——以上海浦东新区世纪大道地区为例

The Influence of Built Environment on Urban Biodiversity in High-Density Urban Areas: Case Study in Blocks Along Century Avenue, Pudong New District, Shanghai

表 8　鸟类物种多样性的主要建成环境影响要素
Table 8　Mgior urban built environment variables affecting avian diversity

要素维度	要素类型	要素名称
生物基层承载要素	生态用地	用地规模	绿地斑块总面积 +
		最大绿地斑块面积 +
		绿地斑块边缘面积比 −
	空间形态	最大绿地斑块边缘面积比 −
		平均邻近指数 +
		景观聚合度指数 +
		景观结合度指数 +
	植被格局	植被规模	乔木覆盖面积 +
		地被覆盖面积 +
	植被结构	植被（乔木、地被）种类 +
	植被形态	乔木平均高度 +
人工环境干扰要素	开发强度	建设开发强度	建筑密度 −
		容积率 −
		绿地率 +

注：＋为正影响效应，－为负影响效应。

　　本研究的分析结论证明了绿地斑块集中、间距近、连通性强都有利于鸟类物种多样性。在无法提供大量规模化绿化用地的高密度城区中，通过设置分级集中、逐级连通的绿地空间格局，即通过较大规模的集中绿地和中等规模的组团绿地以及道路绿地、街头绿地和附属绿地等面积有限的微小绿地，以廊道贯通相连，提供动物自由移动的"踏脚石"（stepping stone）和"中转站"，增加城市生境的景观连接度十分必要。最大集中绿地与绿色廊道是这一生境链系统的关键要素。上述研究表明，最大集中绿地面积越大，对生物种群的稳定越有利，其本质是绿色空间结构的合理化，可为物种提供所需的觅食空间甚至巢居空间，使生物流向该处汇聚。基于规划实施管理的现实，可在原有居住区集中绿地要求的基础上提出最大集中绿地面积的调控目标。绿色廊道主要包括

绿道、街道、步行道、河流廊道等线性空间，起到连接块状带状集中绿地和点状小型绿地"踏脚石"的作用，可以纳入绿线和蓝线边界进行控制。

　　（2）优化成片集中绿地的形状和配置间距

　　相对线状的宅间和路边绿地以及点状的街头绿地而言，成片集中绿地具有更好的自然生态系统支持功能，也更易形成相对隐蔽的绿化环境，从而成为生物栖居的最小单元，因而集中绿地的形态和间距对于生物基质环境的质量也至关重要。本研究结果表明，最大集中绿地边缘面积比越小，即形状越简单，对于鸟类物种多样性越有利。因而在保证最大集中绿地规模的情况下，可以进一步优化最大集中绿地的形状，圆形的形态优于正方形，正方形又优于长方形，在相同面积情况下，形态指数（边缘面积比）越小越不易受到外界的人工干扰。

智能规划

INTELLIGENT PLANNING

研究也表明了绿地之间的连通性越好，鸟类物种丰富度越高。为了提升生物多样性，有必要将生物栖息的成片集中绿地之间的距离维持在生物行动能力半径之内，即将目标物种的行动距离作为设定绿地配置间距标准的参考依据，以此减少生物移动的障碍，增加物种交流繁殖的机会。

（3）在乔灌草复层种植结构中重点关注乔木层和地被层

多层次的植物配置更有利于鸟类的生存。复层植被构成了多样化的生存环境，由于乔木层和地被层是生物巢居和觅食的空间主体，因此需要密切关注这两层的配置。建议在地块的控制指标中可以纳入植林率和地被覆盖率指标。植林率即乔木种植面积占绿化面积的比例，这一指标可以反映能为生物提供更多食性、巢居和休憩空间生态位的乔木植物在绿地中的比例，是植被结构合理性的一种体现。较高的乔木更有利于鸟类远离人类活动的干扰，也能提供更多的绿色可视界面，实现生物与人在城市立体空间中的时空错位和双赢共生，因此可在植被选种中提出种植高大乔木的要求。提高地被覆盖率和地被种类可以减少裸露地面的面积，为鸟类、昆虫等生物提供更多的食物来源。

4 结语

城市土地的有效使用和自然生态系统的有效管理可以使城市及其周边的居民和生物多样性同时受益。如何在有限的土地资源上推动高密度人居环境与自然生物栖息空间和谐共生的合理布局，是当前中国生态城市规划建设的关键问题和重要拓展方向。本研究以鸟类作为目标物种，探讨了中微观尺度城市生物多样性的建成环境影响要素，并初步提出了相应的规划应对策略，研究成果可为在实践中保护和提升城市生物多样性提供数据支撑，为进一步完善城市生态规划的编制、实施和管理提供依据，补充城市规划在生态城市研究中存在的人与生物和谐共生的视角缺失。

致谢：同济大学宋怡然、戴宇晨、陈子鲲、江鹏程、李希伶、郭文煊、王玲、冷伶、吴晓凯、唐莺露、周星宇、吕彤、武健壮等同学参与了调查，在此一并致谢。

作者简介：干　靓　同济大学建筑与城市规划学院副教授；

吴志强　中国工程院院士，同济大学副校长、教授；

郭光普　同济大学生命科学与技术学院副教授。

参考文献

[1] 毛齐正，马克明，邬建国，等. 城市生物多样性分布格局研究进展 [J]. 生态学报，2013，33(4)：1051-1064.

[2] 吴建国，吕佳佳. 土地利用变化对生物多样性的影响 [J]. 生态环境，2008，17(3)：1276-1281.

[3] 王卿，阮俊杰，沙晨燕，等. 人类活动对上海市生物多样性空间格局的影响 [J]. 生态环境学报，2012，2(1)：279-285.

[4] ORTEGA-ALVAREZA R, MACGREGOR-FORS I. Living in the big city: effects of urban land-use on bird community structure, diversity, and composition [J].Landscape and Urban Planning, 2009, 90(3-4): 189-195.

[5] ALBERTI M, BOOTH D, HILL K, et al, The impact of urban patterns on aquatic ecosystems: an empirical analysis in Puget lowland sub-basins [J]. Landscape and Urban Planning, 2007, 80(4): 345-361.

[6] ALBERTI M, MARZLUFF J M. Ecological resilience in urban ecosystems: linking urban patterns to human and ecological functions [J]. Urban Ecosystems, 2004(7):241-265.

[7] 干靓，吴志强. 城市生物多样性规划研究进展评述与对策思考 [J]. 规划师，2018(1):115-119.

[8] 环境保护部科技标准司. 生物多样性观测技术导则－鸟类 [S]. 北京：中国环境科学出版社，2014.

高密度城区建成环境与城市生物多样性的关系研究——以上海浦东新区世纪大道地区为例

The Influence of Built Environment on Urban Biodiversity in High-Density Urban Areas: Case Study in Blocks Along Century Avenue, Pudong New District, Shanghai

[9] 楚国忠，郑光美.鸟类栖息地研究的取样调查方法 [J]. 动物学杂志，1993，28(6): 47-52.

[10] 蔡音亭，干晓静，马志军.鸟类调查的样线法和样点法比较：以崇明东滩春季盐沼鸟类调查为例 [J]. 生物多样性，2010, 18(1): 44-49.

[11] 郑炜，葛晨，李忠秋，等.鸟类种群密度调查和估算方法初探 [J]. 四川动物，2012, 31(1): 84-88.

[12] 尚占环，姚爱兴，郭旭生.国内外生物多样性测度方法的评价与综述 [J]. 宁夏农学院学报，2002(03): 68-73.

[13] 郑光美.中国鸟类分类与分布名录（第二版）[M]. 北京：科学出版社，2011.

[14] 唐仕敏，唐礼俊，李惠敏.城市化对上海市五角场地区鸟类群落的影响 [J]. 上海环境科学，2003(6): 406-410.

[15] 金杏宝，周保春，秦祥堃，等.上海江湾机场生物多样性 [A]. 马克平.中国生物多样性保护与研究进展 [C]. 北京：气象出版社，2005: 394-429.

[16] 陆祎玮，唐思贤，史慧玲，等.上海城市绿地冬季鸟类群落特征与生境的关系 [J]. 动物学杂志，2007, 42(5): 125-130.

[17] 干靓.城市建成环境对生物多样性的影响要素与优化路径 [J]. 国际城市规划，2018.01，网络优先发表.Doi:http://kns.cnki.net/kcms/detail/11.5583.tu.20180125.0919.001.html.

[18] 颜文涛，萧敬豪，胡海，等.城市空间结构的环境绩效：进展与思考 [J]. 城市规划学刊，2012(2): 50-59.

[19] TRATALOS J, FULLER R A, WARREN P H, et al. Urban form, biodiversity potential and ecosystem services [J]. Landscape and Urban Planning, 2007, 83(4): 308-317.

[20] 葛振鸣，王天厚，施文彧，等.环境因子对上海城市园林春季鸟类群落结构特征的影响 [J]. 动物学研究，2005, 26(1): 17-24.

[21] 袁晓，裴恩乐，严晶晶，等.上海城区公园绿地鸟类群落结构及其季节变化 [J]. 复旦学报（自然科学版），2011(3): 344-351.

[22] 杨刚，王勇，许洁，等.城市公园生境类型对鸟类群落的影响 [J]. 生态学报，2015, 35(12): 1-13.

基于共享单车数据研究的智慧街道空间导引及创新平台*

Smart Street Space Guidance and Innovation Platform Based on Bike-Sharing Data

郑迪

摘 要 本文响应当前"街道复兴"与"智慧城市"的两大趋势,通过国内外街道空间既有案例的分析,总结出街道在交通智行、生活便利、安全保障和环境智理这四方面的智慧手段,在此基础上提出建立"智慧街道服务平台",通过方法创新(传感数据收集、数据处理分析、方案形成完善)形成对空间调整预测的"IAF"方法构架,将机制创新(整合城市管理、产品服务、公众参与的开放协作平台)融入智慧街道的建设中,并结合实验案例提出城市产品与规划服务的思路。

关键词 智慧街道;空间导引;创新平台

1 持续趋势

21 世纪初以来,在气候变化与能源危机的背景下,全球范围内掀起了慢行交通复兴的浪潮。众多世界级城市在城市建设中回归以人为本的理念,编制慢行系统规划,重点加大对步行和自行车设施的投入,引导绿色出行。另一方面,产业界也嗅到了来自于慢行交通的商机,2015 年始于中国的共享单车增长迅速,整体市场交易规模从 2016 年的 0.7 亿元猛增至 2019 年的 143.8 亿元,而背后则是千亿级别的共享出行市场和万亿级别的共享经济。在这样的趋势背景下,如何通过"智慧"的互联网与物联网将"以人为本"的街道复兴理念落实到智慧城市慢行系统网络的实践中,是本文需要探讨的重点(图 1)。

2 归纳模块

随着互联网相关技术的飞速发展,随着人们"人本"需求的逐步提高,建设智慧城市的技术条件已经逐步成熟,很多城市在街道空间完善的基础上进行了智慧街道空间的提升改造。目前通过对国内外案例的研究分析和分类,可将智慧街道的建设分为交通智行、生活便利、安全保障和环境智理这四大模块(表 1)。

交通智行方面,目前智慧街道在交通智行方面能够实现的功能还局限于实现停车位供需平衡,建设自行车管理系统和打车管理平台这些具体的方面。未来针对交通智行,智慧街道旨在实现交通预测调控和街道自组织等系统性完善措施。

* 同济大学建筑设计研究院(集团)有限公司(TJAD)重点项目资助、长三角城市群智能协同创新中心(CIUC)种子基金资助项目《以城市规划方案对于城市未来的模拟推演技术架构》;上海市城市规划与国土资源管理局《上海市街道空间设计导则》。

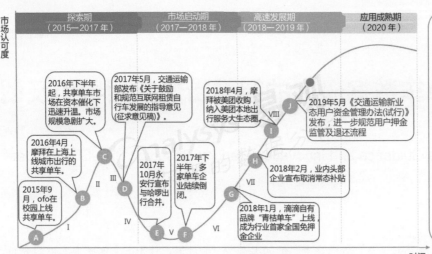

图 1　中国共享单车市场 AMC 模型
Fig.1　AMC model of Chinese bike-sharing market
图片来源：《易观》咨询。

表 1　智慧街道案例总结表
Table 1　Smart street case summary

	交通智行	生活便利	安全保障	环境智理
满足需求	鼓励公交、慢行、出行、停车的智能化	设置信息交互系统，促进社区智慧转型	实现监控设施全覆盖、呼救设施定点化	加强环境检测保护，促进智能感应并降低能耗
案例分析	• 丁丁停车 • 里昂公共自行车 • 滴滴车站 • 五角场微枢纽 • HiATMP 智能化城市交通综合管控平台 • 旧金山智能走道屏显系统 • Google 出租车	• 北京数字化智能报刊亭 • JanneySound 交互艺术 • 伦敦公司红色电话亭 • 纽约 LinkNYC	• 芝加哥 Array of Things 灯罩内置传感器 • 上海大沽路智能路灯呼救设施 • 格拉斯哥城市监控中心	• 莫顿市智慧垃圾桶改造 • 香港斜坡信息系统 • 布鲁塞尔"噪音管" • 巴塞罗那感知自动灌溉
实现功能	• 停车位供需平衡 • 交通诱导信息平台 • 打车管理平台 • 交通预测调控 • 运动设施服务平台	• 公共互动艺术 • 信息交互系统 • 互动广告发布 • 公共服务整合	• 城市安全监控 • 弱势人群协助 • 电子预警分析	• 环境质量检测 • 感应环卫设施 • 照明系统节能
智慧街道指标	• 终端安装率：车流量较大的路段设置交通检测终端，监控城市交通信息 • 诱导信息服务率：关注各类交通信息覆盖市民的比例 • 公交车站电子化率：公交车及自行车站电子平台，能实时位置信息和预计到站时间	• 媒体信息覆盖率：智能车站提供多媒体发布、乘客投诉等功能 • 电子监察率：实时监察街道基础数据的比重 • 艺术事件频度：关联社交网络的艺术节庆的时间频率	• 监控覆盖率：用摄像头所能监控到的范围 / 所有需要监控的范围 • 电子预警时长：利于电子仪器提醒危险时间的时间长度	• 环境监测率：利于电子仪器检测环境质量的范围 • 绿化节能率：对照明、导引等公共设施进行节能改造的范围 • 环卫感应比重：智能环卫设施在总量的比率

生活便利方面，街道是为城市生活提供便利和服务的载体之一。同时生活也不能缺乏艺术。智慧街道在生活便利方面实现的功能依然比较零碎，未来智慧街道希望能够进行完善的街道设计以提供系统服务。

安全保障方面，安全是街道最基本的功能之一，保证街道空间的安全是智慧街道建设必不可少的一部分。目前，安全保障方面的研究主要集中于智能路灯方面。智慧街道的建设在安全保障方面，不只是考虑当前城市安全监控、弱势人群协助和电子实时预警的功能，更主要是在于对整个城市安全系统的建设进行统筹协调。

环境智理方面，智慧街道建设也在于便于收集与街道相关的数据以更好地了解和规划城市。当前阶段，智慧街道能够实现的功能包括环境质量检测，感应环卫设施等。

通过以上四方面的案例分析，本文总结"智慧街道"目前所能实现的功能，并据此提出相应指标引导未来发展可能。总的来说，交通智行方面重点在于鼓励公交慢行，实现出行停车的智能化；生活便利方面应关注信息发布，促进互动交流；安全保障方面需要普及视频监控设备、音频监控设备及灾害预警系统，建设智能分析平台分析数据；环境智理方面应实现智能环境监控，普及环境检测传感器，并融入智能环保设施。

3 概念构想：智慧街道服务平台

笔者基于国内外交通智行、生活便利、安全保障、环境智理四方面的案例分析，结合上海正在编制的《上海市街道空间设计导则》，提出"智慧街道服务平台"。这一概念平台弥补了国内外智慧城市标准的问题：偏重信息化基础而忽视智能城市核心本义，偏重当前状态而忽视发展趋势，偏重全面性而忽视特性[13]。智慧街道是基于现有街道，以物联网智能感知设备和基础网络为基础设施，建立一种基础设施高端、管理服务高效、环境智慧友好和未来特质明显的新型街道[14]。"智慧街道服务平台"利用技术革新促进城市空间建造与运营方式的变革，促进城市、使用者与技术之间的互动[15]，同时通过制度设计将进化的技术产品与城市人的需求衔接起来，让日新月异的城市产品为街道空间输送血液，为城市空间的未来发展留有余地。

4 提升方法

传统街道空间的规划设计依照"评估、规划、评审、再评估"的流程进行操作，规划难免落于反复修编的窘境，但社会空间发展瞬息万变，规划完成之时经常已是"过时之日"，难以与时俱进（表2）。

能否使用更加"智慧"的规划方法做到对街道空间的客观预测和实时动态？"智慧街道服务平台"可能是一个途径，未来城市应该充分利用物联网技术，采用一系列的数据分析及挖掘技术来分析方案所产生的影响及预测未来可能发生的情况，以此作为参考依据来改进设计方案，依靠"规划设计实施（implement）–传感数据采集（acquisition）–城市未来预测（forecast）"循环圈的新规划方法（IAF 智慧规划方法），形成"实时众智"的管理平台，即

表2 "智慧城市"相关规范
Table 2 "Smart City" related regulations

"智慧城市"国家规划文件	"智慧城市"相关标准及研究
《国家智慧城市试点暂行管理办法》（2012.11）	《智慧城市智慧社区规划导则》（2015）
《国家智慧城市（区、镇）试点指标体系》（2012.11）	《智慧城市建设指南》（2014）
《国家新型城镇化规划（2014–2020年）》（2014.03）	《智慧城市建设指标与成果评估体系编制》（2014）
《中国智慧城市（镇）发展指数》（2011.08）	《中国智慧城市标准体系研究》（2013）
	《智慧城市评价指标体系 2.0》（2012）

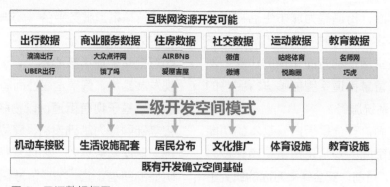

图 2　开源数据框图
Fig.2 Open source data block diagram

从数据收集、数据处理、方案形成的一体化的运营管理系统（图2）。

4.1　数据收集

"智慧街道服务平台"在数据来源方面应做到开源并多元，立足于传统规划数据平台（如上海规土数据平台SDD）并拓展新兴商业数据平台（例如APP、传感数据），传统的城市交通数据（公交线路、机动车保有量）可与新兴打车平台（滴滴、UBER出行）进行整合，传统的生活文教体育设施数据（商业网点布局、中小学布点、体育设施布点）可与商业点评、运动社交平台数据（大众点评网、动动计步）进行整合。例如，目前市场上的运动APP（动动计步）可提供用户个人训练计划，记录运动数据（包含运动时长、里程及卡路里消耗）。由于多用户运动轨迹集成数据反映了城市慢行系统的使用情况，城市规划可以对这些商业APP的运动数据进行再次利用[16]，深度挖掘用户分析行为模式，可得到街道内人群出行偏好特征，推动智慧街道空间的定制设计。

4.2　数据处理

在数据采集的基础上，如何将之作为直观结果有效指导慢行系统的发展？这就需要运用一系列的方法及可视化技术进行分析及表达。主要包括如下程序：①数据入库及预处理。涉及数据库管理、语义分析技术以及数据索引查询。②数据清洗与分析。对各类数据进行基本的统计分析，描述统计各类数据特征，模拟发展趋势，从而推断出该类数据的整体特征。

③数据挖掘。通过分析处理、情报检索、机器学习、专家系统和模式识别等诸多方法，采用预测模型、数据分割、连接分析、偏差侦测等技术，实现了对数据的分类区隔、推算预测、序列规则等处理，挖掘出隐藏于数据追踪的某些信息。④可视化展现。是对数据挖掘结果的表示方式，一般只是指数据可视化工具，包含报表工具和商业智能分析产品（BI）的统称（图3）。

4.3　方案形成与完善

智慧街道的规划方法包含：①通过数据的采集和挖掘分析，分析已有街道空间指标体系（例如人流量、安全状况、周边建设情况、市民满意度等），建立智慧指标体系（终端安装

图 3　数据处理流程图
Fig.3 Data processing flow chart

率、诱导信息覆盖率、媒体信息覆盖率等）。②在街道智慧化方案中，分析街道空间与智慧指标的相关性并进行空间模拟，基于模拟结构提供一系列改造方案。③基于上述改造方案，面向交通智行、生活便利、安全保障、环境智理四大需求，形成具备实施性的城市服务措施，对接实际工程精准开发。④基于数据平台，利用空间与智慧指标体系（例如终端安装率、监控覆盖率、环境监测率等）对街道空间使用情况实时评估，同时可以将街道设计的成果以直观、友好和易于理解的方式进行展示，并尽可能地让更广范围的人参加，让专家和公众可以及时地反馈意见（图4）。例如，阿布扎比在网上建立包含街道设计信息的可视化街道设计系统，即在线设计工具，让公众对设计方案进行查询、浏览并发表评论，提出自己的设想，甚至直接修改街道设计，供设计人员参考。武汉也于 2015 年以《武汉东湖绿道系统规划暨环东湖路绿道实施规划》为试点搭建"众规"平台，由规划师"搭台"，制作成"东湖 360° 街景"，置于平台上。通过平台，民众有机会亲手绘制项目规划图，直观表达对城市规划的真实诉求，融入最终方案中 [17]。

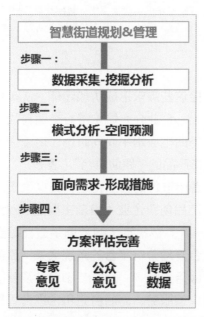

图 4　智慧街道规划方法构架
Fig.4 Smart street planning methodology framework

5　创新平台

5.1　平台构架

"智慧街道服务平台"是城市街道空间未来的 2.0 版本，单单依靠规划管理部门与研究机构的工作是远远不够的，需要协同政府部门以及相关企业探索城市更新的发展模式。在"智慧街道服务平台"的发展中，社会各界都可以参与进来。这种公私合作经营的模式在英、美国家由来已久，经验表明私人企业参与公共服务有利于社会资源利用的高效化 [17]。目前国内的智慧城市管理者认为在公私合作方面，"智慧街道"应在"平行条线"与"垂直条线"上多维发展。在"平行条线"上，"智慧街道"应加强信息贯通，与政府平台、商业机构联系紧密；在"垂直条线"，"智慧街道"应衔接产业链前后端，在考虑技术发展下引导设备产品的更新（参见张绍华 2016 年 1 月在《上海市街道设计导则》专家评审会上的讲话）。

街道是一个很大的载体，出行、安全、环保、生活等设施都在里面，但目前很多现有城市产品跟不上时代发展，都无法满足物联网发展，"智慧街道"的研究应该起到整合空间、推动行业发展的目的，同时应注意到在智慧城市的实现过程中存在商业潜力，未来更多企业会参与进来，制度设计应权衡公共利益和商业效益，联系城市需求与产品应用。

从保障公共利益的角度出发，政府部门首先需明确控制底线，控制什么同时如何控制？政府部门负责街道基础设施（例如铺装、绿化、管线等）的建设管理，优先保证道路基本功能，引导街道智慧管理，控制智能设施占道路面积；鼓励对于现有的街道设施（如公共电话亭、书报亭、公交车站等）进行设施改造，为改造率设置下限；鼓励沿街界面智能化，提升街道立面整体智能水平，为智能设施界面附着率设置下限。

从实现商业效益的角度出发，商业机构通过使用权租赁的形式进入街道空间，运用自身的专业优势和运营经验实现智慧街道，通过其自身特点为街道空间提供智慧服务。私人企业在现有健康、社区居民交流、绿色出行的功能基础上进一步植入智能设备（如互动广告牌、环境传感器、充电桩等），并对其建设的部分负责运营维护，使得街道成为城市提供公共服务的重要场所。例如，谷歌为山景城（Mountain view）提供的社区福利项目——硅谷自行车道设计，其试图建立安全、连贯的自行车网络着手，同时置入互联网功能，将自行车道演变成为谷歌人和山景城居民社交活动的重要场所。

"智慧街道"的实现需要依靠政府和企业的合作，同时立足管理平台，在功能横轴以智慧的治理、交通、生活、安全、环境五个维度展开，同时在纵向面向城市供给侧需求，衔接数据库与网络资源形成一系列城市服务产品（表3、表4）。

表3　智慧街道参与者：政府平台
Table 3　Smart street participants: government

格拉斯哥未来城市计划	数据中心与英国微软合作，为市民、企业、社区和决策者提供开放的最新信息
巴塞罗那"物联化"	巴塞罗那智慧城市是一个综合规划、包容开放的系统
新加坡智慧国计划	新加坡政府的"智慧国平台"的三大功能为"链接"、"收集"和"理解"
纽约防灾预测系统	纽约数据分析师长办公室与消防局展开合作，建立比过去精确得多的模型，探寻数据加强消防员直觉判断的可能性

表4　智慧街道参与者：企业机构
Table 4　Smart street participants: enterprise

Google 推出 Sidewalk Labs	"Sidewalk Labs"计划自己打造、购买技术，通过开发新的产品、平台和合作关系，寻求使用不同的基础设施为全球城市提供免费的公共服务
IBM 智慧城市	IBM 认为智慧城市是城市现代化发展到一定阶段的必然趋势，加快工业化、信息化、城镇化、农业现代化融合
百度"云+端"	百度云已拥有过亿的用户，百度云联合终端设备提供数据采集、数据共享、数据分析、多账户身份识别等功能，全面服务于城市管理，预计将给城市发展注入活力

5.2　产品实践

目前，结合"智慧街道"的深入推进，一些城市服务产品的创新企业立足于街道建设与城市服务供给的公私合作模式，正在推行城市慢行网络的新模式。例如，城市自行车在我国由来已久，在长期使用中遭遇安全干扰、停车混乱的问题，而新型的自行车产品对接城市居民未来需求，通过物联网络能够自动判断环境质量、交通路况，高效计算并实时输出相应动力模块、安全模块等功能（图5）。另一方面，城市发展日新月异使得市民需求能被迅速感知，工业4.0技术使得城市产品的设计制造开源化，直接对接这些需求形成功能闭环。从实际案例可以看出，企业介入城市慢行交通有效提升了城市服务的相应水平，同时也让街道空间体验成为城市产品的"路演舞台"（表5）。

笔者所进行的智慧街道实践探索正协同城市服务产品创新企业（目前主要是 Mobike 自行车），基于 IAF 方法的数据平台，初步拟出慢行综合管理分析平台的系统构架，提供前台与后台服务（图6、图7）。前台涉及智能借车服务与增值服务，而后台则包含运营管理、车辆管理和数据分析，后台技术架构是对前台应用架构的支撑，而前台应用架构是给技术架构

表 5　智慧站点功能构架
Table 5　Smart site functional architecture

初期	建立共享站点:"平台 + 站点 + 数据"联动			
目前功能	交通智行 • 停车位供需平衡 • 自行车管理系统 • 打车管理平台	生活便利 • 公共互动艺术 • 多媒体服务 • 广告发布	安全保障 • 城市安全监控 • 弱势人群协助 • 电子实时预警	环境智理 • 环境质量检测 • 感应环卫设施 • 照明系统节能
远期	"智能桩站 + 独立单车"对接公共服务体系,嫁接真实世界和虚拟世界的联系节点,以后所有的社交、信息、物流都可以汇聚于此,对于城市来说,滴滴车站也将提供免费 WIFI 接入,公共服务,健康监护,安全服务,那么慢行、车行将联系起来,成为智慧出行的系统			
远景功能	交通智行 • 交通预测调控 • 街道自组织	生活便利 • 互动广告发布 • 公共服务整合	安全保障 • 家庭安全顾问 • 商品自动采购	环境智理 • 绿化自生长 • 污染精准控制

图 5　谷歌山景市 North Bayshore 社区自行车系统项目
Fig.5　Google Mountain View City North Bayshore community bike system project
图片来源:《谷歌山景市 North Bayshore 社区福利项目与开发共建 PPP 方案》。

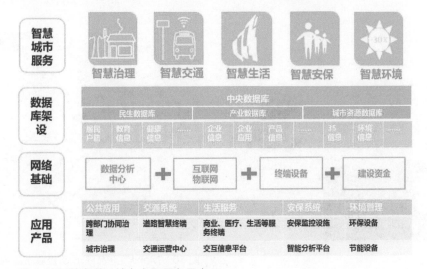

图 6　"智慧街道"城市产品服务平台
Fig.6　Smart street product service platform

功能实现的平台。依托这个系统构架，企业可提供批量电单车租借的基础服务和健康、互动、活动组织的增值服务，同时也可以通过平台监测车辆使用并预测用户需求。未来，通过这个平台，更多企业可以参与进来，拓展延伸的城市服务（如健康医疗、餐饮服务、广告植入等），"智慧街道"使得城市更新与科技发展紧密结合（图8、图9）。

"智慧街道"城市产品服务闭合环如下。

（1）建立城市空间基础平台，包含既有街道空间的基本属性（车流量、安全状况、周边建设情况等）及城市产品数据信息（Mobike产品使用布局数据）。

（2）收集城市产品的请求呼出及接收的布点信息（图10），分析产品的扩散情况，挖掘城市产品与需求之间的作用机制，例如智慧街道研究小组在分析了2015年12月、2016年2月及2016年4月三个时间点的Mobike自行车产品布点数据之后，认为其产品分布呈现多点扩散格局，对其产品未来投放使用的选址具有积极的参考价值（图11、图12）。

（3）在街道智慧化方案中，分析街道空间数据与智慧产品数据，发现其相关性并进行空间模拟，抽取关键参数，探讨建立模型的可行性，基于模型调整参数模拟未来城市产品的发展趋势（表6）。例如，智慧街道研究小组在分析Mobike自行车在2015年12月至2016年4月的轨迹数据之后，发现骑行距离大多位于500～1 500 m的区段内，可以预见未来结合更加深入的城市产品数据挖掘，将会使

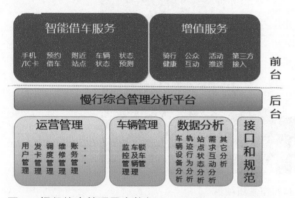

图7　慢行综合管理平台构架
Fig.7　Slow integrated management platform architecture

图9　脱桩城市自行车
Fig.9　City bike without Pile
图片来源：北京摩拜科技有限公司。

图8　带桩城市自行车
Fig.8　City bike with Pile
图片来源：北京轻客智能科技有限责任公司。

图10　Mobike产品呼出＆接收布点图
Fig.10　Mobike product exhale & accept layout map

图例
0-1
1-3
3-6
6-10
10-15
15-20
20-30
30-45
45以上

图 11　Mobike 自行车产品轨迹扩散（2016.03—2016.06）
Fig.11　Mobike bike product track diffusion (2016.03—2016.06)

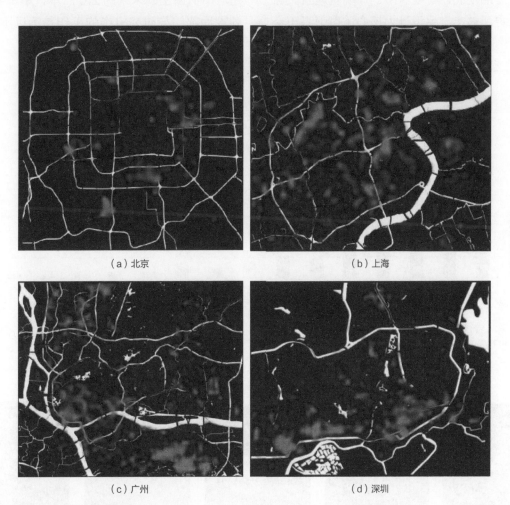

（a）北京　　　　　　　　　（b）上海

（c）广州　　　　　　　　　（d）深圳

图 12　Mobike 热力图
Fig.12　Mobike heat map
图片来源：清华同衡《共享单车与城市发展白皮书》。

表6　街道数据类型
Table 6 Street data type

相关类型	街道空间数据	智慧产品数据
城市布局	用地性质、建筑类型、线路长度	用户（性别、年龄）出行分析
人流活动	人流分布（手机信令）	请求呼出、应答接收数据
相关设施	公共设施布点、运动设施	用户画像数据、卡路里消耗
相关服务	房价、大众点评抓取等	骑行通勤、传统通勤数据

得慢行系统的设计更符合市民的行为习惯（图13～图15）。

　　基于上述改造方案，面向整合治理、交通智行、生活便利、安全保障、环境智理五大需求，以更新城市产品设计为核心（目前基于交通智行产品开发），并提出规划产品服务方案（《上海市街道设计导则》智慧街道模式方案），对接实际工程精准开发。"智慧街道服务平台"是城市街道空间未来的2.0版本，单单依靠规划管理部门与研究机构的工作是远远不够的，

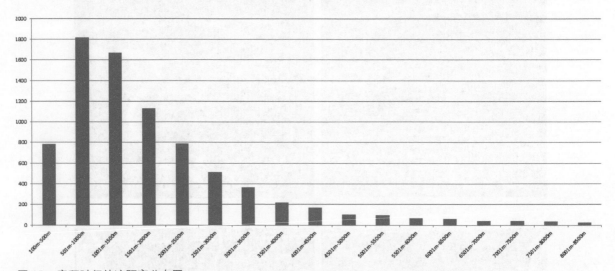

图13　摩拜骑行轨迹距离分布图
Fig.13 Mobiketrack distance distribution map

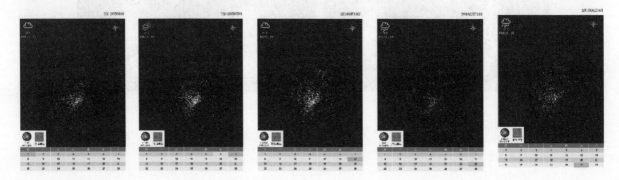

图14　单月摩拜骑行热点分布
Fig.14 Distribution of hot spots of mobike cycling in one month

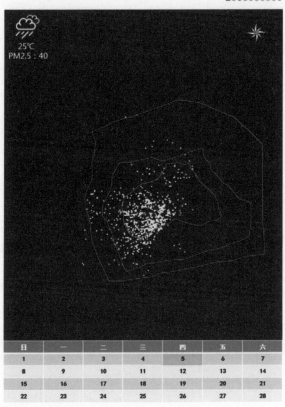

图15　摩拜单车散点扩散模拟图
Fig.15 Mobike scatter diffusion simulation

"垂直条线"上多维发展。在"平行条线"上，"智慧街道"应加强信息贯通，与政府平台、商业机构联系紧密；在"垂直条线"上，"智慧街道"应衔接产业链前后端，在考虑技术发展下引导设备产品的更新（参见张绍华2016年1月在《上海市街道设计导则》专家评审会上的讲话）。

基于数据平台，利用空间与智慧指标体系（例如终端安装率、监控覆盖率、环境监测率等）对街道空间使用情况进行动态实时监测，维护"智慧街道服务平台"，同时可以将街道设计的成果以直观、友好和易于理解的方式进行展示，并尽可能地让更广范围的人参加，让专家和公众可以及时地反馈意见[18]，从而对现有的城市规划进行完善修正。

6　下一步计划：当下规划转型的智慧途径

"智慧街道服务平台"作为智慧城市建设与未来城市治理的桥梁，提出空间导引、方法框架和管理机制，这些研究成果来源于对目前国内外案例的分析总结、相关文件的整合消化以及各领域专家的意见建议，未来发展是在实际操作中不断迭代更新的。因此，国内城市研究者与新兴城市服务商正立足于城市需求，已经开始与相关管理部门接触进行试验探索，以检验"智慧街道服务平台"的可行性，未来远景实现指日可待。

需要协同政府部门以及相关企业探索城市更新的发展模式。在"智慧街道服务平台"的发展中，社会各界都可以参与进来。这种公私合作经营的模式在英美国家由来已久，经验表明私人企业参与公共服务有利于社会资源利用的高效化[17]。目前国内的智慧城市管理者认为在公私合作方面，"智慧街道"应在"平行条线"与

作者简介：**郑　迪**　同济大学博士生，上海共享城市实验室负责人。

参考文献

[1] 黄苏萍，朱咏. 全球城市2030产业规划导向、发展举措及对上海的战略启示 [J]. 城市规划学刊，2011(5): 11-18.
[2] 李蕾. 首个"微枢纽"亮相五角场 [N]. 解放日报，2015-10-30(09).
[3] 韩慧敏，张宇，乔伟. 里昂公共自行车系统 [J]. 城市交通，2009, 7(4): 13-20.
[4] 杨海艳. 共享私家车位　智能解决停车痛点 [N]. 第一财经日报，2015-08-21.
[5] HONG E R. SmartWalk Projects Urban Info on to the Pavement. [EB/OL].(2014-06-10) http://www.atelier.net/en/trends/articles/smartwalk-projects-urban-info-pavement_429787.
[6] 智能交通管控平台. [EB/OL].(2014-06-10) http://www.hisense-transtech.com.cn/urban_transport_intro_80.html.

[7] Phone box library closure threat angers residents [N]. The Guardian, 2015-03-13.

[8] 陈健，杨波 . 北京智能报刊亭：提供免费无线网 能缴水电费 [N]. 人民日报，2014-03-20.

[9] SOUND J. Reach: New York. [EB/OL]. http://www.janneysound.com/project/reach-new-york/.

[10] Array of Things. [EB/OL]. https://arrayofthings.github.io/.

[11] 杨帆 . 英国全力打造智慧城市 [EB/OL].(2015-10-16) http://news.xinhuanet.com/info/2015-10/16/c_134718408. htm.

[12] Map some noise: how your smartphone can help tackle city sound pollution [N].The Guardian, 2015-05-03.

[13] 吴志强，柏旸 . 欧洲智慧城市的最新实践 [J]. 城市规划学刊，2014(5): 15-22.

[14] 李雯，王吉勇 . 大数据在智慧街道设计中的全流程应用 [J]. 规划师，2014(8): 32-37.

[15] 王辉，吴越 . 智慧城市 [M]. 北京: 清华大学出版社. 2010.

[16] MAYER-SCHÖNBERGER V, CUKIER K. Big Data:A Revolution That Will Transform How We Live, Work, and Think[M]. Boston: Eamon Dolan/Houghton Mifflin Harcourt. 2013.

[17] 王亚欣，彭敏颖 . 武汉规划搭建"众规"平台 环东湖绿道市民亲手绘 [EB/OL].(2015-01-08) http://www. hb.xinhuanet.com/2015-01/08/c_1113918183.htm.

[18] MARSAL-LLACUNA M L，SEGAL M E. The intelligenter method(I) for making "smarter" city projects and plans [J]. Cites, 2016, 55: 127-138.

第四章　数字化设计
CHAPTER 4 DIGITAL DESIGN

从静态蓝图到动态智能规则：城市设计数字化管理平台理论初探 *

From Static Blueprints to Dynamic Intelligence: The Theory of Digital Management Platform for Urban Design

杨俊宴　程洋　邵典

摘　要　城市设计是对包括人、自然、社会等要素在内的城镇形体环境的三维立体设计，对中国城镇化的品质提升具有关键作用。长期以来，在中国城市设计理论和方法突飞猛进的同时，城市设计的长效管理却成为实践中的难题，精细的空间设计蓝图在被转译为规划管理语言的同时造成了大量信息的缺失，设计成果难以有效落实。详细阐述了城市设计成果转译为管控工具的问题与门槛，建构城市设计成果要素的数字化谱系，将城市设计的结构要素、空间要素转译为数字化管理语言，提出城市设计智能化管控的规则与标准体系。在此基础上构建城市设计数字化管理平台，平台以城市设计数字化谱系为理论基础，包含数字化辅助设计、设计审查、实施评估及公众参与等四种核心功能，以基础沙盘与大数据可视化为技术支撑，以多部门协同管理为平台运作方式，以过程式动态参与来接受公众监督。

关键词　数字化；谱系；智能规则；智能标准；数字化管理平台；城市设计

1　中国城市设计的热潮与问题

改革开放以来，我国经历了世界上规模最大、速度最快的城镇化过程，在 39 年的时间内（1978—2019 年），将城镇化率提高了 40 个百分点。然而，在城市快速发展的背后，也普遍出现了诸如城市整体形态的缺乏管控、城市肌理断裂破碎及城市地方特色湮灭等问题（王建国　等，2017）。2015 年 12 月中央城市工作会议再次召开，强调了城市设计的地位并对新时期的城市设计提出了更高的要求。面对新一轮城市设计的热潮，我们也反思城市设计实践过程中存在的诸多问题，尤其集中于成果的管理实施层面，在城市设计理论和方法突飞猛进的同时，城市设计的长效管理却成为实践中的难题，精心谋划的城市设计蓝图在被转译为规划管理语言的过程中造成了大量关键信息的缺失，设计成果蓝图包括了空间结构、建筑组合、水系形态、标识节点、天际轮廓、公共空间、街道景观、风貌肌理等多种空间形态专项体系，而到了规划管理中，城市设计精细的三维空间谋划被压缩为高度、出入口、容积率等有限的几个定量指标，并在实施过程中不断妥协，滞后的规划管控与不断变化的现实之间矛盾重重，这是城

* 国家自然科学基金：基于"人－地－业－能"大数据平台的城市空间形态时空演化与结构特征研究（51578128）；住房和城乡建设部科学技术计划 & 北京建筑大学北京未来城市设计高精尖创新中心开放课题（UDC2017010112）资助。原载于《城市规划学刊》2018 年第 2 期。

市设计难以落实的重要原因。

近年来，不少学者对城市设计的成果管控问题进行了深入研究，大致可以分为两类。一类是研究借鉴国外设计管控技术，为国内城市管控提出相关建议与方法，如王玉等（2007）对比研究了美国、英国和日本城市设计管控的特征，提出我国城市设计的管理与实施应建立审查制度并采用城市设计导则的方式；陈琛（2011）梳理了美国和日本城市设计管控实践措施和内容，整理了国内城市设计理论的研究脉络；蔡震（2012）通过研究美国、日本等实施型城市设计的相关案例，特别是对特殊背景下实施型城市设计的建设成就考察，在城市设计实施管控的组织方式、编制方式、运行方式、决策方式、评估方式等方面进行了探索。另一类则是针对国内城市设计管控存在的问题域缺陷，提出城市设计落实管控的转型与升级策略，如林隽（2014）认为城市设计缺少引导控制，提出面向管理的"城市设计导控"方法的框架建议；周俭（2017）针对上海市支撑与机制保障方面相对滞后的问题，重识上海城市空间形成的历史过程与内在秩序，构建符合上海城市长远发展的形象特征与城市设计框架，并尝试提出一套总体空间优化的目标、策略与管控框架；任小蔚等（2016）认为应确立省域的城市设计管控体系以解决规划蓝图与实施脱节的问题；段进等（2017）提出城市设计技术规范化工作需要从"设计导向"转型到"管控导向"，并强调城市规划师需要将规划成果转译成政策法规、城市设计导则等规范化文件形式；王敏（2009）提出城市设计要用有效的管理语言来激发和控制城市形态和环境品质，并构建了基于控制性详细规划的城市设计管控运行框架和管控保障体系。国内外学者面对城市管控现状问题，集中研究了国外技术的借鉴以及现有管控方法的转型与升级（王光伟，2016），对管控的方法提出了宏观性的修改及建设性意见。然而似乎忽略了从城市设计到实施管控的转译过程中导致的大量信息损毁和压缩，致使实施

管控始终无法完全满足城市设计对城市空间品质提升的各项诉求。

基于以上学术成果和本团队近年在全国的实践探索，本文尝试构建面向城市设计转译和管控的三维数字管控平台，根据宏观、中观、微观空间尺度层面的城市设计成果特点以及管控要求，实现城市设计到管控的结构性转译、功能性转译、要素性转译以及数字化管理，同时将在全面管控维度、分系统管控维度和分重点管控维度上对城市的整体、各类专项以及重点地区进行数字化精细管控。

2 城市设计数字化谱系构建及要素转译

城市设计成果的数字化谱系构建是一个包含多种设计目标、基于不同空间尺度的体系构建过程。根据城市设计的人文、社会、空间内涵和要求，数字化谱系构建的城市设计目标包括以人为本、文化传承、永续发展、开放空间等。从这些核心要求出发，以不同的规划尺度和角度，对一个完整的城市空间形态进行逐级拆解与组织，形成多层级、多种维度的数字化空间网络谱系。

2.1 数字化谱系构建

数字化谱系构建的城市设计类型主要包括三个层面，即总体层面、片区层面和地段层面，其中每个层面对应不同层次的城市设计并各自包含完整的形态体系。通过数字化谱系的构建，可以对城市设计内容进行多维度解构，并将城市设计的空间要素转译为管理语言。

在总体层面（即总体城市设计层面）主要考虑城市宏观尺度的整体结构及特色意图区落实，结构性要素涵盖城市的线性空间、面状空间和点状空间，一般包括设计边界、道路、轴线、廊道、平面分区、三维分区、特色意图区、景观点、观景点等（赵勇伟 等，2010）。空间性要素涵盖城市的形态、功能、等级、类型，一般包括城市范围地块划分、建筑标志物、城市重点开放空间、综合交通等。

智能规划

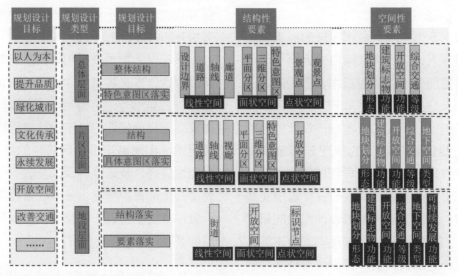

图 1　城市设计数字化谱系
Fig.1　Urban design digital pedigree

图 2　城市设计结构要素框架
Fig.2　Framework of urban design structure

图 3　山水骨架要素类型
Fig.3　Types of key landscape elements

INTELLIGENT PLANNING

在片区层面（即片区级城市设计层面）主要考虑城市中观尺度的片区结构及具体意图区落实，结构性要素一般包括片区道路、轴线、廊道、特色意图区、开放空间等，空间性要素一般包括片区地块划分、片区内部重点开放空间、综合交通等。在地段层面（即地段级城市设计层面）主要考虑城市中微观尺度的街道结构及要素落实，结构性要素主要包含街道空间、开敞空间及标识节点，空间性要素一般包括地块内部地块

划分、建筑标志、地下空间、综合交通等。

上述城市设计目标与类型是城市设计数字化谱系构建的基础原则，它们将保证全面客观系统地构建数字化谱系，将城市设计成果完整转译为数字化要素。三个层面互相协调，宏观层面对下级层面起整体指导与调控作用，微观层面不仅落实上级层面的结构和要素要求，其空间和结构特征也能及时向上层反映并使之作动态调整。

2.2 结构要素转译

结构性要素集山水骨架、都市骨架、文化骨架于一体，从城市的线性空间、面状空间、点状空间进行梳理，并提供宏观、直接的规划引导与管控，有利于决策者洞悉整体结构、把握重点意图区。三类骨架包含的要素可转译成各自内部的城市管控语言，并形成结构体系。

2.2.1 山水骨架要素转译

山水骨架包括城市的山水格局、生境网络和公园绿地等。山水格局从城市整体的山水布局出发，将山和水分布特点转译为数字化平台上的面状要素，形成数字空间上的框架体系。生境网络包括生物生活的环境，将城市生态系统中的栖息地如森林、绿道、河流等转译成数字化平台的面状、线性要素，形成生态的空间体系。公园绿地体系主要由城市的公园和各类绿地组成，并将其转译成面状和线性要素。

2.2.2 都市骨架要素转译

都市骨架包括城市的公共中心体系、骨架轴线体系、道路交通体系、轮廓眺望体系和空间标识体系。公共中心体系将城市不同职能与等级的公共中心转译成数字化平台的结构点要素，并结合线性的发展轴带形成整体网络体系；骨架轴线体系在公共中心体系的基础上，融合主要道路、廊道等，形成主要由线性要素组成的网络体系；道路廊道体系梳理了城市的主要道路廊道以及重要交叉口位置，将其分别转译为线性要素及点状要素；轮廓眺望体系从城市天际线出发，将设计要素转译为眺望点、观景视廊等坐标要素；空间标识体系基于城市的可视域分析，由分析形成的逻辑线和点转译成空间网络体系。

2.2.3 文化骨架要素转译

文化骨架包括城市的文化风貌体系、游憩活动体系和观览展示体系。文化风貌体系主要面向城市的文化风貌分区，将分区转译成面状要素，同时发掘城市的文化纽带并将其转译成直观的线状要素。游憩活动体系主要由城市的滨水道路、绿道组成，将其转译成数字化平台

的线性要素，此外城市的各类广场转译成点状要素。观览展示体系策划或由已有的观览游线转译成线性要素，由城市的标志性节点转译成点状要素。

2.3 空间要素转译

空间性要素聚焦于城市设计的中微观尺度，包括道路街巷、街区建筑、开放空间三大类型（简称为街、坊、场）。三者侧重于城市设计空间形态的不同方面，又互相联系，共同组成了城市空间形态的基本构成。在此基础上，可以继续细分城市空间形态要素，形成中类和小类要素。通过这种逐级细分的层级体系，逐步将城市设计的三维蓝图转译成数字化管理的基本要素，在提高精度的同时，使决策者能有直观的感受，从而对街道、界面、形态、边界等层面进行全方位和全尺度的把控。

2.3.1 街：道路街巷要素转译

道路街巷要素转译包括临街设施、快慢分区、界面虚实、贴线控制、绿化景观等方面。街道是城市最具有活力的空间之一，其规划管控更多地面向重点建筑和界面控制。临街设施指的是临街重点建筑如医院、小学等，针对不同设施类型的管控要求，转译成线性要素和文字。快慢分区控制街道的快速交通与慢行交通，以线性要素和文字展示。界面虚实、贴线控制针对街道界面的节奏感和贴线率，保证临街界面的连续性。绿化景观主要针对街道绿化、防护绿地等，将其转译为线性要素。

2.3.2 坊：街区建筑要素转译

街区建筑要素包括街坊退线、基准高度、街坊色彩、建筑色彩、高层屋顶和街坊开口等方面，对街区强制性要求和空间形态建议提出了具体的规划管控。街坊退线主要依据建筑退道路红线（特殊地段如防护绿地或者需要拓宽人行道、绿化带宽度另外注明），将退线要求转译成数字化平台上的线性要素和文字标注。基准高度指的是该街区的建筑高度控制，并对部分标志性建筑进行单独注释说明，转变传统控规单一高度控制方式，将其转译成面状要素和

文字标注。街坊色彩和建筑色彩对街区和建筑的色彩进行控制及引导，并在数字化平台上模拟实际效果。高层屋顶主要针对建筑风格，基于不同文化风貌分区或者特定历史风貌分区内的高层建筑屋顶应有相应的调整与控制，在数字化平台中以模型展示及文字标注展示。街坊开口控制街区沿街面的道路开口，将禁止开口界面转译为线性要素。

2.3.3 场：开放空间要素转译

开放空间要素转译包括出入口、视廊、软硬地、植被等方面。出入口设置将开放空间的建议入口位置转译为点状空间要素。视廊指的是视线通廊控制，为强制性控制内容，在数字化平台上以线性空间展示。软硬地指的是开放空间的地面材质，一般以绿地和硬质铺地区分，在数字化平台中以纹理和文字展示。植被控制面向开放空间的植物类型，可从乔木、灌木、草本植物等进行分类，在数字化平台中通过建模和文字标注展示。

3 城市设计智能化管控规则与标准

通过数字化谱系的构建以及要素转译，可以将城市设计的蓝图分解为各项空间管控引导要素并转译为城市规划管理语言。在此基础上采用交互响应和自反馈技术，将城市设计空间要素提升到智能化管控规则和标准，并最终升级为城市设计智能管理的数字化平台。

3.1 智能化管控的模式特征

三维精细化管理的城市设计数字化管理平台分为二维和三维两种基本空间管控模式，从

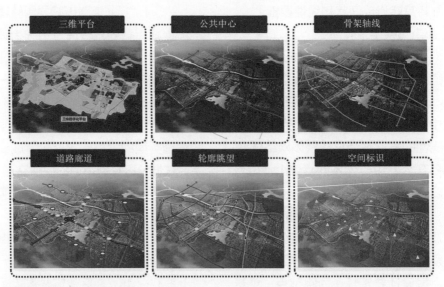

图4 都市骨架要素类型
Fig.4 Types of urban structural elements

图5 文化骨架要素类型
Fig.5 Types of key cultural elements

城市空间的整体到局部都可以形成有效的规划引导，并集成所有的管控要素。数字化管理平台不是静态的设计蓝图，需要实时进行人机互动，交互式地进行动态管控调整，故而它具有以下业务特征和技术特征（表1）。

3.2 智能规则与标准建构

在从城市设计蓝图转译为三维精细化管理的城市设计数字化平台过程中，智能规则与标准建构是其核心环节。通过结合实践中城市空间管控的经验，把城市设计空间谱系要素转译成六项核心的智能规则，分别为技术法规、历史文化、生态环境、文化规则、美学规则和宜居规则。智能规则区别于传统管控规则，在深度自学习和强化学习基础上，形成规则优先序列、自反馈、自预警等技术，协调整体与局部，强调实时反馈与动态调整。

智能规则的评价也分别对应于以下几个标准：一是与上位规划对接程度，反映了智能化管控平台对于上位城市规划和城市设计的落实程度的要求，可以分为管控的定位与理念、系统控制性导则的框架、控制性具体要素三个方面；二是城市设计的系统实施完成程度，反映了智能化管控平台对于城市设计系统实施完成程度的评价，可以分为管控的交通体系、开放空间体系、土地利用体系、公共设施体系等方面来讨论；三是城市设计的弹性实施效果程度，反映了智能化管控平台对于城市设计弹性实施效果的评价，可以分为艺术性、可达性、参与度等几个维度。

3.3 智能化管控体系

在以上的智能平台规则与标准的基础上，在管控方面还需形成三个体系来辅助城市设计智能平台的构建，分别为报建体系、建库体系和分级体系，体现从技术理论到关键技术，再到实践控制的无缝转化，改变以往城市设计与管控的二元孤立的状况，形成城市设计管控的一体化模式。

表1　城市设计数字化管控平台的业务特征和技术特征
Table 1　Business features and technical features of urban design digital management platform

业务特征	
城市设计数字化转译	数字化转译通过城市设计数字化谱系建设，将城市设计实体转化为计算机可识别的数字化要素，打通现实世界与计算机数字模型的藩篱，为通过数字交流的新模式来进行城市设计与管控提供理论与实践基础
城市设计全尺度大模型	通过建立全尺度下的城市设计大模型，实现宏观、中观、微观层面的城市设计要素分级显示，以及不同尺度下模型的层级联动
城市设计智能规则化	通过规则引擎，将城市设计文本化的要求转变为计算机可计算的规则，从而实现城市设计智能化辅助审查
城市设计管理一体化	通过为不同角色提供前后衔接的城市设计数字化管理平台，打通城市设计管理全链路，保障城市设计的实施落地
技术特征	
基于二、三维一体化的分析计算	二、三维一体化可以加载现实二维或三维数据，实现二、三维地图的关联同步，并可实现二、三维场景的可视化分析与计算，弥补传统三维平台重展示效果轻空间分析的不足
基于分布式架构的过程式参与	通过统一消息与分布式服务架构，实现城市设计全过程、全环节的多角色协作
基于并行计算的大数据可视化集成	利用分布式存储与并行计算技术，实现互联网、物联网数据的处理、存储、分析、展示，并与时空数据进行融合，实现城市设计的多源数据支撑
基于深度自学习的空间职能评估	采用深度学习技术，处理海量城市设计案例，为城市设计职能评估提供基础

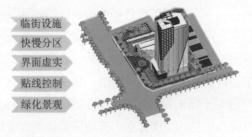

图6 街：道路街巷要素转译
Fig.6 Street: translation of street lane elements

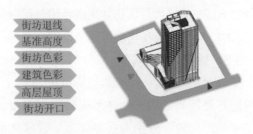

图7 坊：街区建筑要素转译
Fig.7 City subdivision: translation of block building elements

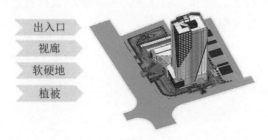

图8 场：开放空间要素转译
Fig.8 Open space: translation of open space elements

报建体系主要规定了不同类型、不同层面的城市设计在报建类型、图件类型、设计要素等方面的具体要求，不同的设计类型决定了不同的报建流程及内容。以总体城市设计为例，其成果类型通常包含文本说明、图纸设计、形态图纸、调研报告、基础资料汇编、基础数据等内容，而其中设计图纸内容最多，包含空间特色定位图、强度分区规划图、鸟瞰图、开放空间系统图、景观设计规划图等，这些成果构成复杂，有些是学理层面的研究论证，有些是专项体系规划，有些是效果图展示，难以在规划管理中直接使用。而在报建体系中，这些城市设计成果会按照标准体系将其转化为各类空间谱系要素进行报建提交，例如高度、密度、轴线、视廊、特定意图区、慢行系统等，形成有效的管理控制语言。

建库体系的作用在于将形式丰富的城市设计成果凝练成若干高效统一的实施管理标准，由基础地理空间库、地形地貌模型、线状要素模型组成的基础数据集作为基础支撑，通过专项体系、数据库结构、要素分层、街坊形态、属性结构等梳理，建立城市设计成果的二、三维库，包含点要素、线要素、面要素、三维模型、密集网格、点云等六大管理板块。

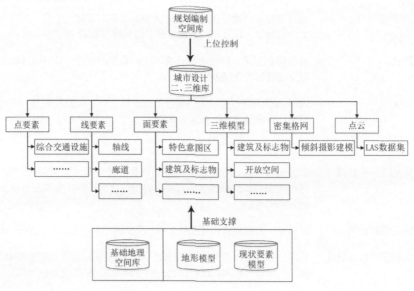

图9 建库体系
Fig.9 Database system

智能规划

INTELLIGENT PLANNING

152

分级体系主要在可视化和三维表达方面对城市设计的内容、形式进行规范，形成层层递进的精度分级体系。不同精度包含的城市空间要素也有所差异，例如在 1 : 5 000 的精度下，通常包含轴线、视廊、平面分区、三维分区、街坊空间形态、标志建筑等城市要素；而在 1 : 1 000 的图面上则更倾向于地段级别的要素控制，例如街巷风貌、街墙立面、建筑造型、开放空间、综合交通设施、综合管廊、地下空间、车辆出入口等要素。

4 城市设计数字化管理平台建构

在城市设计数字化谱系要素转译和智能规则标准的基础上，可以建构面向实践的城市设计数字化管理平台，共包含了 6 个系统，分别为城市设计空间基础沙盘系统、城市设计基础大数据可视化系统、报建系统、智能评估系统、辅助决策系统、监测与管控系统。通过完备的智能规则与标准前提下形成强有力的基础技术支撑，并秉承全过程参与式的组织系统将城市设计的全流程整合起来，由这样系统之间的协同共同集成形成了城市设计数字化的管理平台。

4.1 理论基础：城市设计数字化谱系

数字化平台的构建以空间谱系为基础支撑，通过由数字化谱系转译而来的各项结构性要素及空间性要素等主要数据内容，并结合数字化规则体系、标准体系、评估体系及技术体系将空间要素进行分类和整理，在平台的功能板块中得以运用。而数字化评估体系主要用以项目的设计审查及实施评估阶段，提升信息数据统计分析及研究能力，为规划编制与实施评估提供数据支撑和决策参考。主要包含几个特点：协同编制，重在建立一个多方、多项目参与的协同机制，便于各部门之间协同评估审查，增强各部门之间的沟通协作，提高评估审查的工作效率；将不同类型的城市设计统一到一套坐标的三维城市模型内实施评估，便于项目中各项指标的审核；对多项城市设计进行综合评估，包含了空间结构与形态、关键指标耦合度、各

项设计承接度等。

数字化技术体系则是为平台及平台内各功能板块的建构提供数字化技术支撑。数字化平台建构了即时调整、互相协调的操作系统与展示窗口，基于 SuperMap GIS 和 ArcGIS 软件平台、大数据信息平台、网络云平台等技术平台，实现三维空间数据共享、打破信息孤岛，解决数据获取难、信息不统一、难以集成分析等问题。同时，平台构建也需要多方团队协作作为技术后盾，对平台的组织建构、运行、维护、监管等各个方面提供技术保障。

4.2 技术支撑：基础沙盘与大数据可视化

城市设计数字化管理平台依赖两项关键性技术：基础沙盘系统与大数据可视化系统。基础沙盘系统主要解决了城市设计数字化管理平台的操作环境，使各项城市设计的专项系统能落实到虚拟空间上；大数据可视化系统主要将数字化平台中各类大数据以及相互之间复杂的规则、逻辑的联系等用直观明了的方式展示给使用者。

城市设计空间基础沙盘系统分为五个模块：城市设计要素分级展示、城市设计指标解译、城市设计空间计算工具、离线数据提取和本地文件沙盘模拟。城市设计要素分级展示主要对城市不同层次的结构性要素和空间性要素进行数字化展示，例如城市总体或各板块的边界、道路、轴线、廊道、平面分区、三维分区或特色意图区等。空间计算工具包括距离、高度、密度测算工具等，还可搭建空间分析工具如核密度分析、线密度分析、克里金插值分析等。离线数据提取模块主要针对城市设计空间基础沙盘系统的数据储存与提取问题，允许使用者在离线模式下加载城市三维空间模型使用。数字化平台将对数字城市模型进行定期的存储与更新，存储的历年城市模型将记录城市的变迁过程，这对于研究和实际应用具有重要意义。本地沙盘模拟模块应用于沙盘具体使用阶段，使用者加载离线数据后，在本地沙盘模拟模块对数据模型进行设计、检测、管控以及评估等。

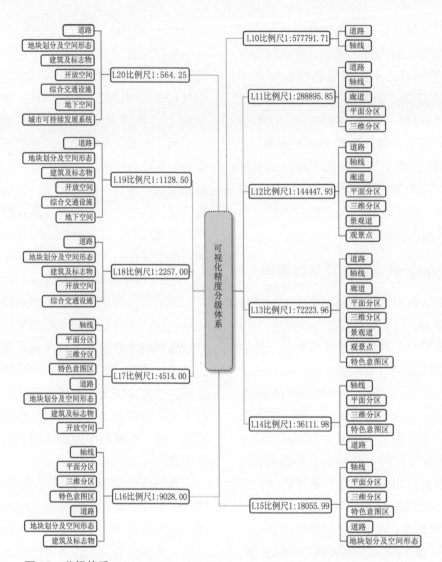

图 10　分级体系
Fig.10　Hierarchical system

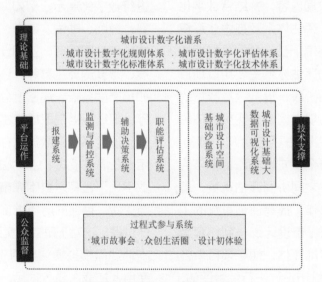

图 11　城市设计数字化管理平台系统构建
Fig.11　Urban design digital management platform

城市设计基础大数据可视化系统主要包括四个模块：基础空间大数据展示、群体行为动态模拟、业态空间结构分析和城市空间舆情监控。基础空间数据展示模块将城市设计空间基础沙盘上的城市模型按不同层次、不同体系进行系统并直观地展示。群体行为动态模拟初步阶段借助手机信令等大数据记录人群出行活动行为并在数字化平台展示，可根据大数据及人群行为特征进行规律总结并模拟。业态空间结构分析模块根据数字模型中记录的企业机构信息，进行城市空间业态 POI 分析，并根据业态分布特征进行城市发展结构的分析与优化。城市空间舆情监控模块根据使用者输入的限定条件，对城市空间进行实时的信息筛选，记录并显示数据，在情绪信息方面进行实时分析。

4.3 平台运作：多部门协同管控

城市数字化平台的运作是多个部门分阶段、全方位协同统管控过程，需要设计单位、规划管理部门、城市决策者、公众群体等共同参与，在数字化平台上进行交流与协商。

在设计阶段，城市设计单位在空间基础沙盘上获得授权，下载最新城市空间数据，根据现状用地条件、历史文化特征、周边城区发展、未来发展预期等进行城市设计，最后在城市设计数字化报建系统中将设计成果提交更新入库。通过标准化工具、标准化质检可以初步对城市设计进行标准化的规范与检测。

在实施阶段，规划管理部门、城市决策者使用城市设计数字化管理平台对城市设计方案进行检测、管控与辅助决策。检测与管控系统涵盖了城市设计成果审查、城市设计多方案比选、城市设计三维全视角评估、城市设计实施情况评估、城市设计动态调整模拟、基于规则的批量建模以及城市设计方案影响分析等子系统。不同于传统设计报批的单向单次过程，数字化审查是一种对城市设计全流程、全生命周期的深层介入和人机互动的全新审查模式，具有多次即时比对评估、审查高效透明的优点。数字化平台审查过程可以明确工作边界，减少

规划层级约束，保障公众利益、减少过度建设以及有效预测城市问题并预警；同时由于集成了大量城市相关规划的基础信息与数据，便于线上评审的组织。

在评估阶段，规划管理部门、城市决策者和公众群体共同参与评估阶段，涵盖城市设计相似案例推送、智能化方案评估、空间形态原型模拟、多方案比选雷达评估模型等子系统。数字化评估可以入库国内外大量城市设计案例，总结归纳城市空间形态原型，并对已有设计方案进行多维度的方案评估与对比，使评估过程更为科学。

4.4 公众监督：过程式多方参与

城市设计过程式参与系统为公众参与提供互动式平台，便于将公众的意愿纳入到城市设计立项和设计过程中，该系统涵盖了城市故事会、众创生活圈、设计初体验等子系统。

城市故事会子系统可以将市民对城市未来的发展意愿进行可视化展现并进行归纳整理。市民只要输入自己的代号，即可在任何地段输入对这个地方发展的期望以及新建成地区的变化和要求，在正式方案中对精准的片区提出市民参与的各个要求。众创生活圈子系统是一种开放式的众创空间，倾听不同创业者的创业选址及相关诉求，并将诉求反馈给管理者，管理者可对任何地区进行评估或者再设计，并把该片区划出来打包给设计团队，得到全方位的专业人士、创业者、市民、游客对这个片区的空间诉求。而设计初体验子系统则是为公众提供城市设计的互动式参与平台，满足公众"我要设计我家园"的需求，公众可以将简单的设计意图在平台上表达并最后得到公众设计方案群，设计团队将其与实际城市设计效果进行对比和讨论，优化城市设计方案。

5 城市设计数字化管理平台运用

从城市设计全流程来看，平台需要服务到设计报建、审查决策、实施评估、公众参与等环节。数字化平台完全按照真实的城市设计边

界、管理流程来构建，从设计单位到城市决策者，从管理部门再到社会公众，协调各方意见、满足各方需求。

5.1 数字化辅助设计与报建

数字化平台可以为设计单位的方案设计提供数字化参考与辅助，应用体现为三个方面：

获取空间现状及相关大数据包进行设计。在设计过程中，数字化城市设计管控平台具有一套完整的数字化的界面，设计师可以在数字化平台上获取规划范围的现状空间数据包作为设计基础。在城市设计数据库里面可以提取到城市中任何一个空间管理单元或街区的数字化信息，其中包括上位规划信息、土地使用性质、交通路网系统、三维建筑群形态、历史文化遗存等。在多规合一模式协同下，还可以获得地下空间分布、综合管廊布局、市政设施布局、绿道系统分布、公共停车场规模等数据。在城市大数据的模式支持下，也可以获取实时任何一个片区的人流活动情况以及交通出行情况，让设计师能观察到所设计片区的动态活力结构，从而对城市设计进行指导。

辅助方案设计进程。当设计团队对方案进行空间设计的时候，数字化城市设计平台通过人机互动的方式可以有效地辅助方案设计。大致可以划分为三种模式：设计参考、设计模拟、设计校核。设计参考是在设计的前期阶段，在数字化城市设计平台当中可以通过即时的数据查阅以获取对设计有用的信息，协助设计师更好地熟悉和认知所设计的场所。如大数据技术运用采集整合了城市中的多源大数据，通过标准化的可视化手段，可以帮助设计师更好地观察了解人群的活动信息，从而进一步了解城市设计范围中人群出行和公共交往活动的特征与规律，通过叠加设计对个体的观察与理解的环节，产生更人本化的空间设计方案；设计模拟可以将设计初步方案放到数字化平台当中进行试验模拟，对设计方案的空间使用、物理环境、人群活力、交通出行、公共服务供给等方面进行评价分析，从而对方案提出修改优化意见，指导方案的进一步完善；设计校核则依据数字化平台反馈指导意见，设计师可以对现有的设计方案进行调整校对，并且修改完成后可以反复上传到数字化平台上进行综合评价，不断地优化过程让方案逐渐趋于合理，进而促成人机互动的城市设计过程。

图 12　数字化辅助设计
Fig.12 Digital aided design

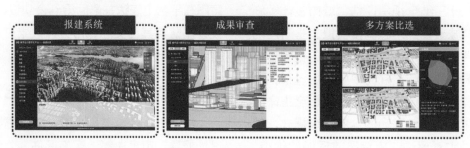

图 13　数字化设计审查
Fig.13 Digital design review

将设计成果上报提交入库。经过反复校对优化并最终通过了数字化平台检验的设计方案，可以继续经历专家评审会和提交规委会审议的程序，这表明方案设计阶段基本完成，城市设计方案可以获得上报的权限，进入审批甚至法定化的流程。一方面，这种数字化设计的过程较好地节省了大量城市设计的人工成本，让方案逐渐趋于合理，在方向的判断上减少失误，避免了城市设计不科学所导致的损失；另一方面，通过数字化平台的初步审核，也减少了规划审核工作的工作量与难度，让参与评审的相关专家能更多地关注方案理念本身，让城市设计能对城市未来的发展提出更加切实有用的解决方案，让未来的城市空间更具特色、充满活力。

5.2 数字化成果审查与决策

由于数字化平台对城市设计过程的全面介入，数字化技术审查的含义变得越来越宽泛，其工作边界也变得越来越模糊化。数字化技术审查的模式有别于传统的规划报批审批模式，它具有两项比较突出的优势。

一方面它可以无限次数地对设计方案（包括阶段性成果）进行比对及模拟评估，并提供反馈意见。数字化的审查平台可以较好地落实了上位城市设计与相关规划的形态要求，可以有效保证设计不突破上位规划和城市设计确定的底线，使新的城市设计在协同的框架范围内进行创新，很好地衔接了总体要求与局部问题的矛盾；同时，数字化的审查模式可以最有效地保证基本公众利益，尤其对于城市公共空间、公共服务设施等公共产品的布局，数字化的平台通过引入大数据技术分析的方式，可以迅速地对设计方案即时给予反馈，使政府或社会投入的城市公共性要素资源可以更好地发挥效能，减少过度建设问题带来的浪费，消除公共服务设施布局的盲点空间，让公共产品的供给可以更加合理化、公正化；由于数字化城市设计审查平台中储存了海量的城市三维空间数据，是一种更全面更高维度的多规合一平台，通过其强大的计算分析能力，可以有效预测设计对城市局部地区的影响，以及可能产生的各种问题。比如某些局部地块开发强度过高导致的交通拥堵问题和活动绿地供给不足的问题，或者过高的建筑遮挡了重要城市观山视廊问题，或者建筑体量破坏了历史文化保护区内观望历史文化建筑群的屋脊天际线等，它能帮助避免城市设计思考疏漏导致的严重城市问题。

另一方面它能全方位具体推进组织对设计方案审查工作，使审查过程变得更加高效而综合、公正而透明。数字化审查平台使城市设计的技术审批组织更加高效化和规范化，专家可以通过数字化审查平台对设计方案的初步评价意见（表现为一系列的空间评价指标参数以及不合理之处的标注），清晰地反映设计方案的优势和劣势，减少很多重复性与基础性的调查核算工作，使专家们对设计方案形成更全面系统的认识，同时也减少了过于主观的判断；数字化审查平台使城市设计的审批角度更加综合化和多元化，由于数字化审查平台是一个融合了多学科的综合平台，其中包含了众多与城市设计相关的子系统，使评价结果更加整体的同时，也能根据规划的不同的语境来进行取舍和调整。数字化审查平台使城市设计的审批过程更加透明，在信息网络技术的推动下，规划审查从传统线下模式转变成线上模式，使得原本费时费力的手工审查流程得以简化，时间和人力成本的减少使得规划审查的总量和质量得以加强，这种组织方式有效破除了审查的黑箱过程，平台化使得城市设计审批流程高度透明化，越来越多的专家学者，甚至普通的市民也都可以参与进来，查阅城市设计成果信息，发表看法并点评方案。

5.3 数字化管控实施与评估

在转译了大量提交报建的城市设计成果以后，城市设计数字化管理平台在日常业务管理中可以针对目标地区长效管控并实施监测评估。

5.3.1 核提规划要点

规划要点的生成将会覆盖管控到项目的全流程当中，在项目实施的不同阶段提出相应的应对策略和管控要求。通过大量城市设计成果的报建，在任何一个拟出让地块中可以集成相关的城市设计要求，生成相应的规划技术要点，最大限度体现本地区及相关城市地区对其城市设计控制意图。在项目的开发建设当中，通过上传实时的进度情况，数字化平台将会同实际项目的实施进度相结合，把针对项目实施过程中不同时期的城市设计要求具体展现，方便规划管理部门更好地介入其中。同时也根据发展要求或外部环境的变化，对项目统筹安排进行调整，辅助实现城市设计的目标。

5.3.2　管控建设项目

数字化管控平台不仅可以从三维空间的视角对重点建设片区的实施过程进行管控，同时也强调对重点建设片区的项目运作流程方面加以管控，比如建设项目的土地审批流程、建筑审批流程、片区形象风貌情况等方面，将过程性的动态视角加入到城市设计管控中，实现对重点建设片区的有效管控监督。

5.3.3　实施监测反馈

实施监测反馈的作用主要体现在数字化平台通过链接竣工报审及城市管理各职能部门的数据库，同步和采集片区各项目实施情况的信息，并上传到数字化管控平台当中，通过全息的可视化手段，规划管理部门可以从中获取从城市到用地，再到地块内部的所有信息，加强管理者对规划实施整体性的把握和监管的力度。

5.4　数字化公众参与与反馈

公众参与是城市设计过程的重要环节，同时，公众参与的过程也应介入城市设计的各个阶段，无论是设计方案的立项和征集过程，方案的调整过程，还是最终的项目评审审核过程，都需要通过对公众意见的听取，了解公众的诉求与意见。过去的各种城市设计编制过程中对于公众参与的形式有过很多探索，但往往还是形式大于内容，由于城市设计的滞后性特征，公众很难认识到城市设计对其产生的影响，同时，由于城市设计项目的短周期性，从设计项目立项开始才进行的公众参与，很难及时收集到公众对设计片区的意见和建议，更难在设计前期影响到设计构思；同时由于多个城市设计项目采用各自为政的公众参与方法，缺乏统一

图 14　数字化实施评估
Fig.14 Digital implementation assessment

图 15　数字化公众参与
Fig.15 Digital public participation

平台，所以组织公众参与的工作存在很大的难度，效果也不佳，使规划管理部门和城市设计团队难以深入了解公众的诉求。

数字化平台的技术融入城市设计公众参与过程，可以很大程度解决公众参与的问题。数字化平台引导公众参与具有很多优势，主要有三点比较明显的优势，首先是数字化平台决策透明，可以让城市的利益相关者都能了解城市设计的制定过程；其次，数字化平台反馈即时，公众可以迅速地反馈对于城市设计的意见，管理部门也能较快地采集意见，指导后续的编制工作；最后是数字化平台覆盖面广，通过信息化手段，可以让城市中更多的市民参与到城市设计的过程当中。

6 结语与讨论

伴随着信息化技术的不断进步，中国城市设计管理实践也逐渐呈现出精细化、数字化、集成化等新特征趋势，因此探索与总结城市设计数字化管理平台的理论范式，在城市设计管理的转型与提升中具有重要的现实意义。城市设计数字化管理平台的构建旨在弥补城市设计到实施管控转译出现设计信息损失和压缩的问题，将静态的三维空间设计蓝图转译过程提升为智能化的管控规则，将城市设计对城市空间品质提升的各项要求落实到空间管控的层面。通过城市设计数字化谱系的构建，将城市设计的结构要素、空间要素转译为数字化管理语言，进而在谱系基础上总结智能化管控模式并提出城市设计智能化管控的规则与标准。在此基础上构建城市设计数字化管理平台，平台以城市设计数字化谱系为理论基础，以基础沙盘与大数据可视化为技术支撑，以多部门协同管理为平台运作方式，以过程式参与接受公众监督。

构建城市设计数字化管控的理论范式，有助于推动数字化的技术在规划管理当中的深层运用。目前在城市设计管理实践当中，数字化技术及管控的方法不断创新。笔者提出的数字化城市设计管控平台理论范式是基于系统性和对管控理论的总结所提出的，所提到的数字化平台构建要素及方法仍亟待实践补充与完善，这亦是未来所要加以拓展的研究工作。

作者简介：**杨俊宴** 东南大学智慧城市研究院副院长，建筑学院教授，博士生导师；

　　　　　程 洋 上海数慧系统技术有限公司副总架构师；

　　　　　邵 典 东南大学建筑硕士研究生。

参考文献

[1] 段进，兰文龙，邵润青. 从"设计导向"到"管控导向"——关于我国城市设计技术规范化的思考 [J]. 城市规划，2017，41(6): 67-72.

[2] 王玉，张磊. 发达国家和地区的城市设计控制方法初探 [J]. 规划师，2007(6): 36-38.

[3] 任小蔚，吕明. 广东省域城市设计管控体系建构 [J]. 规划师，2016，32(12): 31-36.

[4] 王建国，杨俊宴. 平原型城市总体城市设计的理论与方法研究探索——郑州案例 [J]. 城市规划，2017，41(5): 9-19.

[5] 陈琛. 国内外城市设计管控实践研究综述 [J]. 贵州民族学院学报（哲学社会科学版），2011(3): 171-175.

[6] 蔡震. 关于实施型城市设计的几点思考 [J]. 城市规划学刊，2012(7): 117-123.

[7] 王敏. 基于控制性详细规划的城市设计管控研究 [J]. 中南大学硕士学位论文，2009.

[8] 林隽. 面向管理的城市设计导控实践研究 [J]. 华南理工大学博士学位论文，2014.

[9] 周俭，俞静，陈雨露，等. 上海总体城市设计空间研究与管理引导 [J]. 城市规划学刊，2017(7): 101-108.

[10] 王光伟. 总体城市设计：国内外理论研究与实践的总结与反思 [J]. 建筑与文化，2016(8): 68-69.

[11] 赵勇伟，叶伟华. 当前我国总体城市设计实施存在的问题及实施路径探讨 [J]. 规划师，2010，26(6):15-19.

动态的空间句法——面向高频城市的组构分析框架

Dynamic Space Syntax: Towards the Configurational Analysis of the High Frequency Cities

沈尧

摘 要 当今的数字社会发展促使我们开始关注更加高频的城市现象，并可以寻找这些现象的空间逻辑以提高未来规划设计的动态效应。空间句法是城市设计过程中一种对于城市空间结构的认知方法，在过去 20 年被广泛应用于西方城市设计的研究与实践，并积累了丰富的研究成果。然而，作为一种经典的描述性模型，传统的空间句法模型很难应对规划设计实践中面临的动态性社会问题。本研究提出了一种在新的数据条件下研究城市空间组构动态效应的方法框架。通过将轨迹数据与传统组构分析的方法框架相结合，提出新的组构中心性概念——时空共现强度，并介绍了相关的指标来量化人们时空行为在不同时段的几何属性及其模式，以探索动态的城市组构分析理论与方法。本文所提出的动态的空间句法框架暗示着从一种静态的、只关注物理空间的城市组构研究向一种动态的、更关注人的行为空间的城市组构研究转变的趋势，揭示了充分利用当前数据环境并将城市设计作为一种动态城市空间功能性提升的有效手段在未来城市设计中的积极意义。

关键词 时空动态；空间句法；行动轨迹；共现强度；机动性；高频城市

1 背景

随着信息通信以及数字技术的发展，我们赖以生活的城市以及其承载的内容正在越发高速地运转和传递，社会生活的内容和频率随之丰富和提高，我们观察城市活动的方式也因此而不断地发生变化[1-3]。在新的数据环境下，各种大规模、高精度的时空数据不断涌现，我们分析和解读城市建成环境的视角也在重构：从一种整体性的低频视角转向一种饱含丰富异质性信息的高频视角。事实上，所谓的高频视角不仅是一种新视角，更是一种更真实的视角，一种更接近人日常生活频率的视角，可以从一秒、一分推至一日、一周、一月等较大周期。传统的审视城市的视角则通常是一种低频视角，也许是一年、十年，甚至是若干世纪等长

周期[4]。因此在某种程度上，理解高频城市背景下的城市运行机制才是以人为本地理解真实城市的一种基本视角，它作为现实城市的一种"数字孪生"的镜像，将充分补足我们传统的基于低频城市的认识[5]。

城市组构研究（configurational research）的发展构建了一系列认识、度量与分析城市建成空间形态的理论与技术方法，其中最具代表性的便是空间句法研究——它已经成为新城市科学的重要部分[6]。空间句法的一个核心观点是：空间组构即为现实社会的"物质"镜像，其催生同时限制着各种社会经济联系的形成与重塑。支持这一论断的一项重要实证基础是存在于空间中心性与整体人流极差分布之间的稳健关系[7, 8]。在现实中人们不断通过感知可见的人流的分布来解读物质空间的中心性，进而

在其影响下参与社会经济活动中的各项选择，并最终影响了涌现的整体趋势[9, 10]。因此，空间句法通常能够快速地描述在低频城市背景下的物质空间结构与社会经济表现的整体布局之间的关系，进而指导相关空间干预策略的调整。

当前不断涌现的城市社会经济数据和算法已使我们观察高频城市成为可能。理解城市空间结构对于高频的社会经济活动的动态影响，也因此成为面向未来的城市规划与设计实践的一种需求，同时是新城市科学发展的一项重要任务。由于缺乏有效的测度手段和理论支持，传统的空间句法对于社会经济活动的变化之中所暗含的空间逻辑的测度一直受到很大限制。因此，本文将重点研究如何构建一种动态的空间句法模型来度量城市组构的动态结构属性，并解释相关方法的理论基础，以发展一种高频城市视角下的城市空间组构分析的基本框架。对于组构动态结构属性的研究将有助于我们更高效、精准、以人为本地规划与设计我们的城市。下文将首先回顾空间句法理论当前发展的困境与面临的挑战，进而提出一种将传统空间句法理论与新的数据以及技术相结合的方式。本文最后讨论了所提出的动态空间句法框架将如何影响空间句法理论进一步发展成为新的城市科学中的重要部分，并对未来的城市设计有所贡献。

2 高频城市背景下的城市组构研究困境

2.1 出行的经济：空间句法的理论基础与组构效应测度

空间句法模型是一种典型的城市组构研究模型，其关注的核心议题是空间如何相互关联起来构成了可见的形态，并影响人们对其的使用进而彰显城市形态的社会经济内涵。它的一个理论基础便是如何构建社会空间化与空间社会化这两个进程之间的联系。在空间句法理论中，这两者的联系是通过对于人们自然活动的

描述得以建立的。这一理论基础被称作"出行的经济"（movement economy）[11]，它定义了城市空间、功能布局以及自然人流三者的关系，指出城市空间中存在的广泛的中心性会非均匀地影响人们活动的聚集形态，并使社会经济效应的布局在空间系统中得以自显[12-14]。在空间句法理论体系中，城市空间组构是各种社会活动的背景，它形成了一种"空间资本"来影响和限制人们在城市空间中的各种交往活动。单一个体在城市空间中活动会不自觉地感知到这种空间效率的差异，并使其最终体现在群体性人流的分布中，即自然人流（natural movement）的布局[15]。空间句法研究因此认为在现实城市的某一时间断面上，人们可以根据空间形态的效率以及可见的人流来做出各种与空间有关的社会经济决策，进而形成各种相关活动的局部模式。而这些功能布局作为城市引力点又将影响人流的分布，形成城市组构形态效用的间接传递。以空间为参照，功能布局与人们的活动之间形成了一种反馈机制来不断地强化空间形态的倍增效应（multiplier effect）。这一理论模型强调了城市形态对于城市功能布局与人流分布的根本影响，并提供了一种将物质形态与其承载的社会经济活动相关联的路径。

出行经济这一理论提供了一种联系空间形态组构效率、功能布局与人们的出行行为的框架，并试图基于此赋予空间干预方式更多的人本思维。它强调了功能布局与人流形态中蕴含的形态逻辑，同时提供了理解城市中物质空间的知识是如何被转译为人们的现实互动决策这一过程的路径。城市组构体现了对于物质空间系统的句法的信息（syntactic information），为功能布局与人们的活动轨迹提供了不易察觉的秩序参照；功能布局则包含了语义的信息（sematic information），为人们的活动提供了可察觉的内容；人流轨迹则包含了出现的信息（present information），反映人们的社交互动状态。这一转译的过程实际上也表征了相

对静态的空间形态如何影响相对动态的人流轨迹。换言之，传统的空间句法提供了一种通过低频城市视角来观察高频城市中城市稳态的途径。这是在过去数据与计算能力缺乏的时代一种优化城市设计的非常有效的途径，因为它构建了一种描述性的理论与方法论，用相对少量的、设计师熟识的、可操作的数据对于动态的城市现状进行了简明的总结以及相对精确的拟合（图1）。

2.2 新数据条件下空间句法理论发展的困境

当前不断涌现的多元、海量、快速更新的城市数据为研究精细的时空尺度下的城市形态对人类活动的影响提供了广阔的研究前景。特别是那些高频时变的城市数据，如签到数据、手机信令数据等，提供了一种接近真实城市运行频率的高频视角。然而这一数据条件的变化也带来了对于城市组构理论发展的新需求，并使得传统的空间句法的理论构建、方法论框架以及实证价值受到了一定程度的挑战。

首先，时空大数据中饱含的关于人流的时空动态信息正在挑战传统空间句法对人流分布描述的实证价值。传统空间句法的一大实证基础便是城市拓扑结构的联系的紧密性与总体自然人流的极差结构之间稳定的相关性，并且在实证中这两者之间的关系并不受个体性差异的影响[16, 17]。这也成为空间句法理论的重要论据之一，支撑着它对于循证设计的独特贡献。然而，时空大数据使得我们可以描绘人们行为的细致肖像而直观地获得关于城市人流的分布信息，似乎运用传统空间句法这一描述性模型的紧迫性和必要性正在被挑战。在这一趋势下，空间句法理论和方法论的发展就需要重新思考如何去应对高频城市中规划设计的新需求，并确立组构分析在新的数据环境下的实证价值。

其次，精细化的时空数据中所蕴含的行为时空差异在传统空间句法中被过度简化并缺乏必要的与之相关的理论构建。时空数据能够准确揭示人们行为的动态变化，然而在传统空间句法理论中，城市组构一般被认为是影响总体（aggregated）人流形态极差形态的关键，而对于它是如何影响自然人流的瞬时变化的，以及两者之间是否存在稳健的相关性却缺乏有效的研究。这在很大程度上限制了进一步理解受城市形态组构中心性影响的动态性。因此，空间句法在当前面临的第二个困境便是如何在现有理论框架的基础上构建一种新的组构分析方法，从而展现城市形态的变化如何改变人流分布在时间维度的动态性。

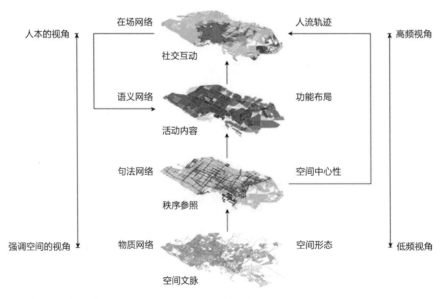

图1　空间句法中的出行的经济模型及其内涵
Fig.1　The model of 'movement economy' in space syntax theory and its meanings

再次，时空数据中包含的与行为主体相关的异质化信息在以"自然人"为理论前提的空间句法理论与方法论中暂时缺位。自然人流在空间句法理论中指的是被城市组构影响的人流轨迹分布，其暗含的一个理论假设便是不论人们个体出行的具体原因、起点以及目的地，我们观测到的出行轨迹的总体分布是被人们出行的共性特点所影响的，即他们对空间组构的一致解读[7]。这个假设其实表明，传统空间句法模型关注的是人们的群体行为而非个体行为，或者说，它关注的是人们的聚集效应而非个体分异。然而当前的时空数据的一个特点就是对个人行为的精准描述使得其包含城市空间使用者的主体信息。虽然空间句法也曾被用来研究人们的空间分异现象[18, 19]，但没能阐释和度量城市组构对于不同类型公共空间使用者的效用，以反映更深层的城市形态的社会价值。

综上所述，新的数据环境虽然带来了从高频角度认识现实城市的契机并明确地表征了未来城市设计的人本需求，然而我们赖以分析城市形态的理论与手段，包括空间句法理论与方法论，似乎还在遵循一种低频的角度。如何借鉴已有的空间句法理论与方法框架，回应这些在新数据条件下传统描述性组构分析所面临的困境，使其具备更加广阔的、面向高频城市的应用前景，成为亟待解决的问题。

3　时空共现强度——面向高频城市的空间句法框架

3.1　城市组构与时空共现

城市空间为人们的社会交往创造空间条件以及内容[20]。因此，自然人流在空间句法理论中也被理解为一种共现（copresence）[21]，即城市空间的组构联系紧密性实际是人们相遇、对视、交流的难易程度的反映[22]。当然，在当今社会，由于通信技术与交通技术的发展，共现的形式非常多样，它可以指人们在现实或者虚拟环境中的共存状态[23]。然而，物质环境中的共现作为虚拟共现的现实锚点仍旧十分重要，

并和城市活力以及城市空间的公共性等议题密切相关[24, 25]。

建成环境中的面对面的共现现象与人们的出行密切相关，而后者则受到联系距离衰减效应以及空间引力的影响[26]。这不仅与交通地理学的许多研究契合，也与上文所述的空间句法的论点一致。在空间句法理论中，城市组构的拓扑距离衰减效应被组构的近邻性所反映，空间引力则体现在受到城市组构影响的城市的功能布局形态中。此外，时间维度也是现实环境中共现现象的重要前提，它反映了共现的强度与持续时间[27]。因此，可以将物理环境中的时空共现现象的决定因素总结为三方面：空间的组构距离、时间距离与行为主体的社会距离。本文将充分整合这三种距离，并基于涌现的时空轨迹数据与城市形态数据测度城市组构的动态中心性结构。

3.2　度量时空共现强度：一种面向高频城市的空间句法中心性

（1）概念化定义

本文定义了三种距离来表征现实环境中面对面的时空共现潜力，即时间距离 d_t；空间距离，其中包括物理距离 d_m 与几何拓扑距离 d_g；以及社会距离 d_s。从概念的角度，任意两个个体之间的共现潜力可以被定义为 $f(d_t, d_m, d_g, d_s)$，并且当这些距离越小，时空共现强度越高。我们可以将一些距离概念进行一些转换，如将时间距离变为共现的时长，即 $D_t \approx \frac{1}{d_t}$，或将社会距离具体化为社会定义为社会混合度，即 $D_s \approx \frac{1}{d_s}$，那么它们的共现潜力则可被定义为 $f(D_t, D_m, D_g, D_s)$。本文将这个关系具体定义为：

$$I_{ij} = \frac{D_t^{ij} D_s^{ij}}{d_g^{ij}}, \quad (d_m^{ij} \leq d_m) \qquad （1）$$

在式（1）中，表明个体 i 和 j 之间的时空共现潜力 D_t^{ij}，代表它们之间的共现时间长度 D_s^{ij}，代表它们之间的社会混合度，表示它们之

间的几何拓扑距离，而 d_m^{ij} 则代表它们之间的地理距离。有三点需要详加说明。首先是 D_g^{ij} 与 D_m^{ij} 的关系，前者是几何拓扑距离，表示两个地点间受城市形态影响的角度距离最小的路径的累积角度步长距离[28]；后者是路网距离，即两个地点间最短路径的长度。借鉴空间句法模型，本研究用路网距离阈值来限定研究尺度，而将几何拓扑距离作为距离衰减效应的表征，这样的设定可以同时研究两种距离效应的互动，且能突出在地理距离约束下的城市组构效率。这对于时空共现强度的测度有特别意义，因为地理的地点共现（co-location）是面对面现实共现的先决条件，而在此基础上，组构距离则进一步决定了在同一空间中的共现概率。以图 2 为例，时空棱柱 A 与 B 分别代表了用户 1 与 2，用户 2 与 3 在时空坐标体系中的共现位置。很显然，虽然他们在地点共现上很接近，但是从城市形态上看则不尽然。用户 1 与 2 在街道 A 的相遇概率很可能会高于用户 2 与 3 在街道 B 的相遇概率，因为用户 1 与 2 都出现在街道 A 上，他们之间的组构距离为 1 步，而用户 2 与 3 则出现在街道 B 的两条临近街道上，他们之间的组构距离大于 1 步。这意味着街道 A 很可能是用户 1 与 2 相遇的街道，而街道 B 则可能是用户 2 与 3 相遇的街道。简而言之，

物理距离相近的两个个体仍旧需要他们之间的组构拓扑距离尽量小来满足面对面时空共现的可能。

其次，如何定义 D_s^{ij}。很显然这个定义关乎于我们需要关注什么共现现象，以及如何定义社会距离对于理解城市组构的中心性结构更加有意义。在空间句法理论中，城市的组构中心性被认为对应一种"下意识的对他人的察觉"（unstructured awareness of others）[22]，而富有活力的公共空间也被认为应该支持培养不自觉的本地人和陌生人之间的熟悉感[25]。因此，在本研究中 D_s^{ij} 被具体化为"本地人"与"非本地人"的混合程度，用来表征城市形态的社会公共性[29]。"本地人"与"非本地人"的区分是根据他们的时空路径行为划定的，并且因地点而定义不同。对于某一地点，在其附近长时间内频繁出现的人被定义为本地人，而在该时间段内短暂访问该地点的则被定义为非本地人。这里的本地与非本地人并非一种绝对的地缘定义，而是一种动态的、可以通过相互共现行为来感知的。一个个体频繁地出现在某地，对于随机到访的第三者来说，他就很可能被人认为是"本地人"。对于本地人与非本地人的共现的支持是城市形态组构效能的重要体现，下文将具体介绍其数学定义。

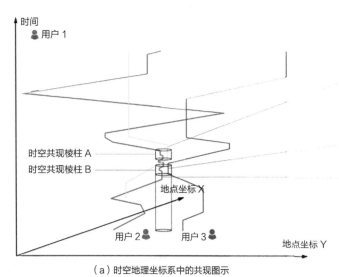

（a）时空地理坐标系中的共现图示

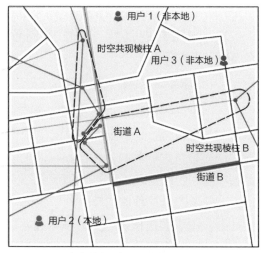

（b）城市形态影响下的共现图示

图 2　个体间时空共现场景示意

Fig.2　An sematic example of the co-presence among individuals

第三，关于 D_t^{ij} 与 D_s^{ij} 的关系的定义。在本文测度受控共现潜力时，D_s^{ij} 被作为 D_t^{ij} 的指数，其作用一方面是强调社会距离对于共现潜力结构的重要影响，另一方面是可以区分两者分别为 0 时 $D_t^{ij}D_s^{ij}$ 的取值。此外，从式（1）可以看出，$D_t^{ij}D_s^{ij}$ 表征了人们时空聚集的特点，如果将其设定为均值（$D_t^{ij}=1$）那么 $I_{ij} = \dfrac{1}{d_g^{ij}}$，（$d_m^{ij} \le d_m$）。事实上，如果假设两个主体 i 和 j 是不同的街道，这一形式就与空间句法中整合度的定义非常接近了。

（2）度量时空共现强度

时空共现强度（physical co-presence intensity）可以被定义为第三者在城市组构中感知到的熟悉与陌生人群在空间中相遇的潜力。基于式（1）的概念，某一城市组构基本单元 i 在给定时间段 Δt 内所承载的物理时空共现潜力 $I_i^{\Delta t}$，可以被定义为不同人群在该空间单元地点内给定时间范围内时空共现的累积潜力，即：

$$I_i^{\Delta t} = \frac{(\sum_j D_t^{jl\Delta t})^{D_s^{il\Delta t}}}{\bar{d}_g^{ijl\Delta t}} = \frac{(\sum_j D_t^{jl\Delta t})^{D_s^{il\Delta t}}}{\sum_j d_{jg}^{ijl\Delta t}}, \{d_m^{ijl\Delta t} \le d_m\} \ (2)$$

在式（2）中，$D_t^{jl\Delta t}$ 指个体 j 在地点 i 的出现时间长度；$\bar{d}_g^{ijl\Delta t}$ 则指地点 i 附近路网距离 $d_m^{ijl\Delta t}$ 小于给定阈值 d_m 所定义的范围内，给定时间段 Δt 内，所有个体出现的地点 $j \in (1, 2...J)$ 与地点 i 间的组构距离，即几何拓扑步数。$D_s^{il\Delta t}$ 则被定义为不同类型人群在地点 i 的共现潜力的混合程度，用信息熵计算，即：

$$D_s^{il\Delta t} = \frac{\sum_k p_i^{jkl\Delta t}\ln p_i^{jkl\Delta t}}{}, \ p_i^{jkl\Delta t} = \frac{D_t^{jkl\Delta t}}{D_t^{jl\Delta t}} + \varepsilon \ (3)$$

在式（3）中，$p_i^{jkl\Delta t}$ 指的是第 k 组个体在指定时间段 Δt 内，出现在地点 i 附近的概率（$k \ge 2$），由其出现的总时间长度 $D_t^{jkl\Delta t}$ 在所有人群出现的总时长中的占比计算得到。

本研究关注的是城市形态的动态中心性，由他人通过共现行为认知中的本地人与非本地人的共同物理时空共现潜力来表征，由于其描述了城市形态的公共性，即吸引人前来并驻留

这两种引力的复合效应，在一定程度上对应自然人流的两方面：到达人流（to-movement）与经过人流（through-movement），而这两种人流的混合展现了城市空间组构的效率[30]。本文提出了一种根据人流轨迹来定义本地人与非本地人的方法。具体而言，我们根据任意个体在指定地点 i 范围与时段 Δt 内的出现概率 $\mu^{\Delta t}$ 来定义本地人与非本地人，即：

$$\mu_i^{\Delta t} = f_1(F_i^{\Delta t})f_2(D_i^{\Delta t}) \quad (4)$$

其中 $F_i^{\Delta t}$ 是个体在时段 Δt 在地点 i 出现的频次，$D_i^{\Delta t}$ 是对应的出现时长，而 f_1 与 f_2 分别是将两者转化成概率形式的残存函数。若出现概率大于设定阈值 μ，即 $\mu_i^{\Delta t} \ge \mu$，则被认为是本地人，他们不仅频繁地在某地出现且时长较长，若相反则是非本地人。

（3）实例

基于上海 2016 年 3—6 月的 286 万余条点状微博签到轨迹数据以及街道网络数据，本文计算了工作日每一小时城市时空共现强度分布。本文检验了样本数据中的出行行为特征，得到的出行行程长度与时长都符合长尾分布的特征，即大量的出行属于短途，少量属于长途（图 3），这也符合最近的出行研究中基于类似数据所得的类似结论[31]。因此，尽管微博签到数据可能存在"厚度"不足以及有偏抽样的潜在风险，我们仍认为该数据在整体上接近真实，可作为描述整体人流轨迹形态的可靠数据。

上海市中心区域的时空共现潜力分布（$\mu = 0.5$，$d_m = 800$ m，$\Delta t = 1$ h）表明，城市组构对于自然人流的汇集及其所带来的社交潜力的影响是随着时间变化的（图 4）。在全天大部分时段，城市时空共现潜力的极差结构相对稳定，主要的就业中心被暖色区域标示；而在深夜休息时段，城市交通枢纽附近的街道则成为时空共现现象集中出现的场所。凌晨以及上午时段，时空共现潜力分布更加集中，而在下午以及晚间时段则呈现更加清晰的多中心结构。这说明，现实中的人流分布不仅与城市形态有关，也与他们的出行目的和习惯有关。通过将

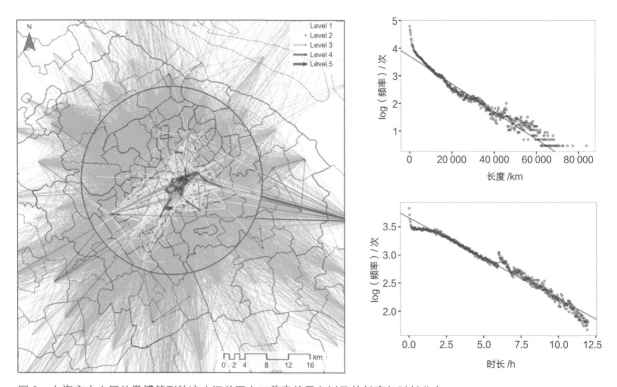

图3　上海市中心区的微博签到轨迹（汇总至人口普查单元）以及其长度与时长分布
Fig.3　Trajectories of Weibo check-ins in central Shanghai (aggregated into census areas) and Power-Law detection of the length (km) and duration (hour) distribution

图4　上海中心区域时空共现潜力分布
Fig.4　Distribution of the spatiotemporal co-presence potential in central Shanghai

人流轨迹纳入到组构分析中，可以表征组构是如何与其他动态因素共同作用，而使得城市形态对人们聚集的影响呈现明显的一致性与差异性并存的状态。

（4）时空共现潜力作为一种组构中心性

本节试图进一步验证时空共现潜力是否能够作为组构中心性的一种表达。回答这一问题的核心在于，人们在现实世界的公共空间中的相遇是否有其组构的逻辑。从结果可视化来看，共现潜力的时空变化是被城市组构所影响的，但这样的共现潜力中心可以随着时间推移在很小范围内从一条街道延伸到另一条，或者从通勤干道延伸到主要生活干道，进而可能在非工作时间转移到支路（图5）。由此不难看出，城市的时空共现潜力的中心街道并非总是服从基于米制距离的空间自相关模式，而是呈现出街道之间拓扑联系的重要影响。本节进一步对动态时空共现潜力的概率分布形态做拟合，可以发现得到的共现潜力基本都符合对数分布形态，并显出明显的左偏态。为探究空间组构在时空共现潜力测度上的影响，本节分别对引入与不引入组构距离参数 D_g^{ij} 所得到的潜力指数的概率分布做了 Weibull 拟合，得到的形态参数，前者明显高于后者（图6）。这说明引入了组构距离后的潜力指数更加符合长尾分布的特点，即只有少数街道能够支持极大的共现潜力，而大部分街道只支持相对较少的共现潜力。这也一定程度上说明在地理距离的基础上，城市组构不仅影响人们的汇集，也影响人们互动的具体空间结构。

本节还进一步对每一小时的时空共现潜力指标与传统空间句法的指标以及城市功能连接度指标[32]的相互关系做了探析。与空间句法中心性不同，城市功能连接度反映的是城市功能

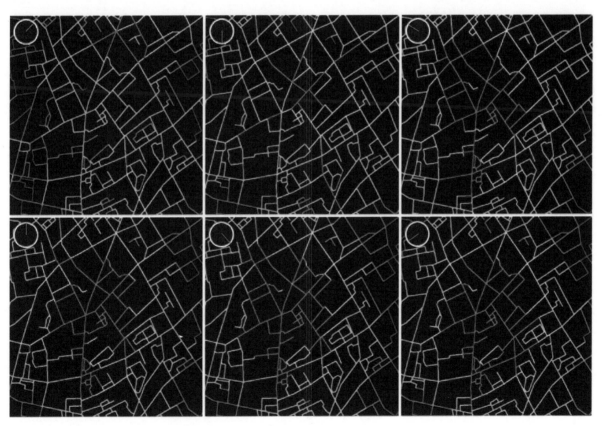

图 5　某区域的时空共现潜力分布随时变化图
Fig.5　Shifting spatiotemporal co-presence potential in a certain area

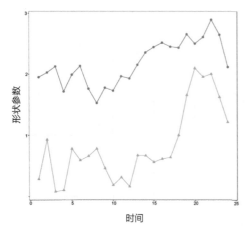

图 6　上海市中心区域的时空共现潜力指数 weibull 拟合的形状参数
Fig.6　The shape parameters of the fitted Weibull distribution across time in the center of Shanghai

市形态的特征与功能布局的互动结果，这本身也是一种组构中心性的自显。因此，时空共现潜力也是一种组构中心性，且较之于空间句法中心性度量有着更丰富的社会内涵。

3.3　时空共现潜力的模式：一种新的空间网络层级结构

基于上文所提出的概念模型，我们可以继续运用模式识别手段来识别时空共现潜力分布的典型模式及其分布。假设 M_i 是地点 i 关于其承载的时空共现的类型归属，那么它可以被定义为 $M_i = g_i(D_s^{i|\Delta t}, D_t^{i|\Delta t}, d_g^{ij|\Delta t})$，$\{d_m^{ij|\Delta t} \leq d_m\}$。其中 g_i 是一个判别函数，而将三种影响共现潜力的距离作为特征向量。据此，时空共现潜力的模式发现，可以将复杂多维的时空信息适度地压缩成为空间信息，提示我们关于时空共现潜力的氛围是如何在每一个空间的连接处转换的，这将成为前文所述定量极差理解的一种补充。

在上海中心区的实例中，时空共现潜力的模式呈现出了一种典型的空间网络层级结构（图 8），共有五种主要类型的街道：城市中心街道、通行街道、日常街道、邻里街道以及非中心街道。前四种类型是主要的城市街道，具有较高等级的共现潜力，而非中心街道所支持的社交互动则相对有限。城市中心街道主要包括市中心内若干连续的活力街区以及重要交通枢纽周围的街道，它们能够支持全天连续的时空共现并用尽量少的组构距离将人们在街道中联系起来。通行街道包含了许多城市干道，虽

布局在城市组构连接状态下的中心性，包括连接密度、多样性与平均连接距离。因此，这个分析能够帮助我们理解在指定的时间截面上城市空间形态与功能布局与共现潜力的关系（图7）。通过在每一个截面构建简单的多元线性回归模型，我们发现城市时空共现潜力受到城市空间组构与功能组构的双重影响（$R^2 > 0.7$），并且后者的影响更加显著且稳定。这一方面说明在高频城市视角中，传统空间句法理论中的出行的经济模型中所假设的空间与功能的相对应稳态很难被观察到（在更多的情况下，城市空间形态与功能布局将一起决定着自然人流的分布以及其所标示的人们之间的互动潜力）[32]；另一方面，时空共现潜力的分布本身表征了城

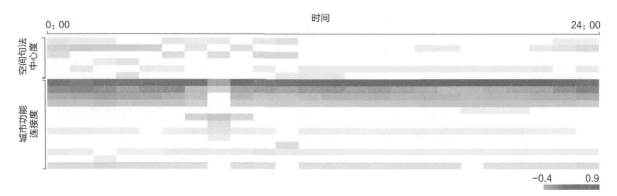

图 7　不同空间句法中心度度量与时空共现潜力的关系
Fig.7 Association between spatiotemporal co-presence intensity and space syntax centrality metrics

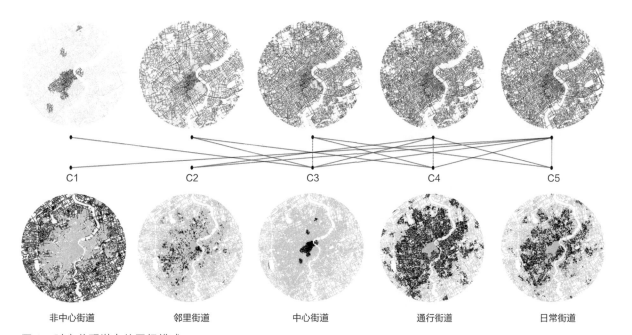

C1 C2 C3 C4 C5

| 非中心街道 | 邻里街道 | 中心街道 | 通行街道 | 日常街道 |

图8　时空共现潜力的层级模式
Fig.8　Hierarchical modes of spatiotemporal co-presence potential

然人们在这些街道中出现得相对较少，但是组构距离短。日常街道附近有较多的人流分布，但是由于它们一般连接通行街道与社区内部入户街道，因此人们共现需要克服的组构距离较大。邻里街道更贴近人流汇集区，但是受城市形态影响很大，人们为了相遇需要克服极大的组构距离。事实上，本实例中很多的邻里街道都是城市中心区的里弄，它们充分靠近主街，拥有便利性，同时在空间设计上保证了很大的隐私性。时空共现潜力的模式结构似乎一定程

度上符合城市路网的分级特点，表明城市路网系统，作为一种公共空间网络也在影响着人群的社交，这种关系的构建不仅与交通设计有关，更与城市形态密切相关。

事实上，我们将影响时空共现潜力的特征向量在其涌现的模式特征中稍做梳理就可以更加明晰地从时空共现的角度理解城市公共空间形态的功能特征（图9）。我们可以首先将五种类型街道按照共现时长（$D_t^{j|\Delta t}$）与社会混合度（$D_s^{j|\Delta t}$）的递减进行排序，并进一步按照组构距

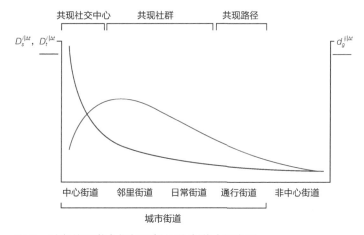

图9　时空共现潜力指标所揭示的街道功能类型
Fig.9　Street typology demonstrated by spatiotemporal co-presence potential indices

离（$d_g^{ij|\Delta t}$）对五种类型街道进一步分类。中心街道被定义为城市的共现社交中心，邻里街道与日常街道所组成的地区勾勒出城市散步的逐个共现社群，而通行街道则是联系社交中心与社群的路径。这三种结构表明了一种从社交角度看待城市形态结构的功能等级的可能。

4 总结与讨论

4.1 行为组构：一种可见的空间组构

本文讨论了在高频城市背景下城市空间组构的分析框架，给出了一种可能的途径来度量人们的时空共现潜力，并初步证明其可以作为城市空间组构动态效应的一种测度方法。事实上，这样的分析路径可以被概括为用行为组构来表征空间组构的动态属性，并对其内涵做了新的延伸。人流活动较之物质空间更容易被明确地感知并形成对空间氛围的理解，而人流活动布局本身即是一种组构，其联系的逻辑反映了人们对空间组构理解和使用的形态逻辑。

较之传统的空间句法模型，本文提出的时空空间潜力模型具有鲜明的特点（表1）。首先，它关注的不仅是空间组构，而是其影响下的行为组构，具有明显的时空动态特征。其次，传统空间句法关注的是城市演进过程中的稳态，而本文提出的模型能够妥善兼顾两者的关系，即在动态中发现稳态，同时发现稳态涌现的条件和复杂性。在数据支持方面，时空共现潜力模型结合了空间网络与时空行为数据，提出了以对社会互动潜力的测度代替纯粹空间网络中心性指标来表征组构动态效应的途径。此外，时空共现模型的相关结果表明其分布不仅受空间组构的影响，也受功能布局等因素布局的影响。而在方法论方面，传统空间句法模型主要是描述性预测，而本文提出的模型可以充分利用当前迅速发展的数据挖掘与空间分析手段。最后，传统空间句法模型是基于较低频的城市视角，本文提出的方法则是面向高频城市并可以通过对高频组构效应的稳态发掘来补充传统低频视角的不足。

以上所提及的时空共现潜力模型的特点实际也回应了本文开始时论述的传统空间句法在当前面临的困境，并提供了一种新城市科学背景下人本城市设计分析的途径。虽然时空大数据可以提供人流分布的即时状态，却通常难以直接表征他们的空间逻辑。本文提出的框架可以帮助厘清人流分布的组构逻辑，进一步帮助我们探究城市形态如何服务于人们的社交互动。同时，本文提出的方法可以度量出组构中心性对于自然人流汇集的动态效应，避免在传统空间句法模型中对于时空差异的过度简化。此外，这一方法有充分的扩展空间，可根据不同用户定义而改变所度量的结果。这在很大程度上避免了传统空间句法中缺乏对于使用者类型的相关讨论这一不足。与此同时，本文提出了一种

表1　时空共现潜力模型与传统空间句法模型的比较
Table 1　A comparison between spatiotemporal co-presence potential model and classic space syntax model

维度	空间句法模型	时空共现潜力模型
要素	空间组构	行为组构
关注点	稳态	动态与稳态
数据	空间网络数据	空间网络与时空行为数据
度量	空间网络中心度	社会互动潜力
影响因子	空间结构	空间结构与其内容的互动
路径	描述性预测	数据挖掘
频度	低频	高频与低频

将时空轨迹数据与空间句法模型相融合的可能路径，表明空间句法理论对于揭示城市空间行为数据背后的形态逻辑的重要意义。因此，行为组构研究作为面向高频城市的组构研究的一种途径，能够弥补当前空间句法发展的理论与方法的相关问题，是一种面向未来城市设计的解决方案。

4.2 面向高频城市设计

随着城市管理智能化与精细化，城市空间作为城市活动的容器需要为更多即时的社会经济效应的优化提供可能性。本文提出的方法提供了一种方式来指导高频城市背景下的形态规划设计。它具备空间句法研究的优势，一方面它是基于矢量的空间模型，可不受可变研究单元问题的影响；另一方面它对于局部的形态变化非常敏感，使其在充分表征数据分析结果精确性的同时，保留规划师对于空间干预的主动权。

假设本文所提的方法可作为支持高频城市设计的一种途径，那么从构建这样一种方法的过程中，我们可以窥见高频城市设计较之传统城市设计的一些特点，厘清这些特点将有助于我们未来规划具有兼顾动态效应的城市形态。首先，高频城市设计需要支持新的、高频的城市要素。在空间句法的出行经济模型中，高频的人流轨迹同时受到较低频的空间形态与较高频的功能布局的影响，这意味着城市功能布局，或者说活动的形态设计，以及其与城市形态的关系是支持高频城市效能的一个重要部分。其次，在高频城市中涌现的动态的城市问题仍需要进一步界定，特别是不同社会现象的变异性（variability）与规律性（regularity），以帮助建立评价高频城市设计效用的可能途径。此外，面向高频城市的规划设计绝不是对于传统城市设计的批判和抛弃，相反，高频城市设计需要更加妥善地处理超短期的、高频规划目标与长期规划目标之间的关系，以及后者是如何在前者当中涌现的。因此，通往高频城市设计需要在规划设计中寻找可以操作的高频城市要素，更加明确与之相关的动态城市问题，并确定超短期目标与长期目标之间的关系。

4.3 新数据环境下空间句法理论的重构

本文在充分尊重空间句法理论模型的前提下，试图在当前新的数据条件下探索如何发展空间句法理论与方法，使之更加契合当前和未来城市科学与规划设计的发展趋势，并提供了一种在高频城市视角下，空间句法理论重构的具体途径。这种重构主要体现在几个方面：①主流数据所代表的城市要素需要在空间句法模型中得以体现，以明确它们与城市形态之间的互动关系；②城市组构并非只是城市形态自身的属性，任何与之相关的功能性布局都可以成为一种新的组构，且组构联系对于不同的功能布局而言很可能存在不同的具体意义；③需要体现人们的社会属性对于空间组构分析的作用，即关注自然人流的"质量"而非只是规模；④需要兼顾高频城市视角来构建城市形态与社会经济效应之间的联系模式。本文试图通过对空间句法理论的回顾来构建一种更动态的空间句法分析框架，以回应这种重构的一种可能的形式。与此同时，本文强调新数据的出现并不总意味着传统理论与模型的淘汰。相反，如果我们能够妥善地明确新形式下的趋势，可以借助新的数据条件拓展这些理论，使之帮助我们更好地理解当下以及未来的城市，发展新的城市科学观与方法论，面对更加复杂的规划设计议题。

作者简介：**沈　尧**　同济大学建筑与城市规划学院城市规划系助理教授。

参考文献

[1] VIRILIO P. Speed and information: cyberspace alarm![J]. Ctheory, 1995, 18(3): 8-27.

[2] URRY J. Sociology beyond societies: mobilities for the twenty-first century[M]. Routledge, 2012.

[3] WEBSTER F. Theories of the information society[M]. Routledge, 2014.

[4] BATTY M. Digital twins[J]. Environment and Planning B, 2018, 45(5): 817- 820.

[5] WILDFIRE C. How can we spearhead city-scale digital twins?[J/OL]. Infrastructure Intelligence. (2018) [2018-0803]. www.infrastructure-intelligence.com/article/may-2018/how-can-we-spearhead-city-scale-digitaltwins.

[6] BATTY M. The new science of cities[M]. Mit Press, 2013.

[7] HILLIER B, PENN A, HANSON J, et al. Natural movement: or, configuration and attraction in urban pedestrian movement[J]. Environment and Planning B: Planning and Design, 1993, 20(1): 29-66.

[8] HILLIER B, IIDA S. Network and psychological effects in urban movement[C]. International Conference on Spatial Information Theory. Springer, Berlin, Heidelberg, 2005: 475-490.

[9] TURNER A, PENN A. Encoding natural movement as an agent-based system: an investigation into human pedestrian behaviour in the built environment[J]. Environment and planning B: Planning and Design, 2002, 29(4): 473-490.

[10] TURNER A. Analysing the visual dynamics of spatial morphology[J]. Environment and Planning B: Planning and Design, 2003, 30(5): 657-676.

[11] HILLIER B. Cities as movement economies[J]. Urban Design International, 1996, 1(1): 41-60.

[12] HILLIER B. Spatial sustainability in cities: organic patterns and sustainable forms[C]. Royal Institute of Technology (KTH), 2009.

[13] YANG T, HILLIER B. The fuzzy boundary: the spatial definition of urban areas[C]. 6th International Space Syntax Symposium. Istanbul: [s. n.], 2007.

[14] HILLIER B, TURNER A, YANG T, et al, Metric and topo-geometric properties of urban street networks: some convergences, divergences and new results[J]. Journal of Space Syntax, 2010, 1(2): 258-279.

[15] PENN A. Space syntax and spatial cognition: or why the axial line?[J]. Environment and Behavior, 2003, 35(1): 30-65.

[16] HILLIER B, SHINICHI I. Network and psychological effects in urban movement[C]. International Conference on Spatial Information Theory. Springer, Berlin, Heidelberg, 2005.

[17] JIANG B, TAO J. Agent-based simulation of human movement shaped by the underlying street structure[J]. International Journal of Geographical Information Science, 2011, 25(1): 51-64.

[18] VAUGHAN L. The spatial syntax of urban segregation[J]. Progress in Planning, 2007, 67(3): 199-294.

[19] VAUGHAN L, CLARK D L C, SAHBAZ O, et al. Space and exclusion: does urban morphology play a part in social deprivation?[J]. Area, 2005, 37(4): 402-412.

[20] LEFEBVRE H. The production of space[M]. Vol. 142. Blackwell: Oxford, 1991.

[21] PEPONIS J, ROSS C, RASHID M. The structure of urban space, movement and co-presence: the case of Atlanta[J]. Geoforum, 1997, 28(3/4): 341-358.

[22] HILLIER B, HANSON J. The social logic of space[M]. Cambridge University Press, 1989.

[23] ITO M, OKABE D. Intimate visual co-presence[C]. 2005 Ubiquitous Computing Conference, 2005.

[24] MITCHELL D. The end of public space? people's park, definitions of the public, and democracy[J]. Annals of the Association of American Geographers, 1995, 85(1): 108-133.

[25] JACOBS J. The death and life of American cities[M]. New York: Random House, 1961.

[26] BACKSTROM L, SUN E, MARLOW C. Find me if you can: improving geographical prediction with social and spatial proximity[C]. Proceedings of the 19th International Conference on World Wide Web. ACM, 2010: 61-70.

[27] KOSTAKOS V, O'NEILL E, PENN A, et al. Brief encounters: sensing, modeling and visualizing urban mobility and copresence networks[C]. ACM Transactions on Computer-Human Interaction (TOCHI), 2010.

[28] TURNER A. Angular analysis[C]. Proceedings of the 3rd International Symposium on Space Syntax. Atlanta, GA: Georgia Institute of Technology, 2001.

[29] MARCUS L, LEGEBY A. The need for co-presence in urban complexity: measuring social capital using

space syntax[C]. Eigth International Space Syntax Symposium, 2012.

[30] HILLIER W R G, YANG T, TURNER A. Normalising least angle choice in depthmap-and how it opens up new perspectives on the global and local analysis of city space[J]. Journal of Space syntax, 2012, 3(2): 155-193.

[31] WU L, ZHI Y, SUI Z, et al. Intra-urban human mobility and activity transition: evidence from social media check-in data[J]. PloS one, 2014, 9(5): e97010.

[32] SHEN Y, KARIMI K. Urban function connectivity: characterisation of functional urban streets with social media check-in data[J]. Cities, 2016(55): 9-21.